방사능을 생각한다

전파과학사는 독자 여러분의 책에 관한 아이디어와 원고 투고를 기다리고 있습니다. 디아스포라는 전파과학사의
임프린트로 종교(기독교), 경제·경영서, 일반 문학 등 다양한 장르의 국내 저자와 해외 번역서를 준비하고 있습니다.
출간을 고민하고 계신 분들은 이메일 chonpa2@hanmail.net로 간단한 개요와 취지, 연락처 등을 적어 보내주세요.

방사능을 생각한다
위험과 그 극복

–
초판 1쇄 1993년 02월 25일
개정 1쇄 2024년 03월 04일

–
지 은 이 모리나가 하루히코
옮 긴 이 이광필
발 행 인 손동민
디 자 인 이지혜

–
펴 낸 곳 전파과학사
출판등록 1956. 7. 23. 제 10-89호
주   소 서울시 서대문구 증가로18, 204호
전   화 02-333-8877(8855)
팩   스 02-334-8092
이 메 일 chonpa2@hanmail.net
홈페이지 www.s-wave.co.kr
공식 블로그 http://blog.naver.com/siencia

ISBN 978-89-7044-648-6 (03420)

방사능을 생각한다

위험과 그 극복

모리나가 하루히코 지음 | 이광필 옮김

전파과학사

머리말

방사능에 의한 위험의 극복은 현대 사회에게 주어진 중대 문제 중의 하나이다. 학문적으로는 수십 년의 정력적인 연구에 의해 물리학적 측면과 방사선 생물학과 같은 응용분야, 특히 의학에서의 이용을 통해서 그 본질과 작용을 잘 알고 있기 때문에 방사능에 대한 사회 또는 일반사람들의 인식은 극히 모호한 점이 있다.

대략적으로 말하면, 사회는 방사능을 더욱 근대적인 운명의 필요악이라고 본다. 무매연으로 풍부한 자원의 원자력 발전이 지금까지 세계에서 거의 사고도 없이 가동하고 있는데도 불구하고, 역시 기분이 나쁜 것은 그것이 일어날지도 모르는 대오염의 확률이 완전히 영이라고는 말할 수 없기 때문이다. 또, 핵전쟁의 공포도와 그 파괴력(그것은 눈에 보인다)은 그렇다고 하고, 그 후 서서히 지구상에 살고 있는 사람들 또는 다른 생물조차도 방사능에 의해 파괴되어 버릴 것이라고 하는 사실은 이미 잘 알려진 일이다.

이미 알고 있는 것같이, 지구상은 이미 방사능으로 꽉 차 있다. 지금 세계의 원자로 중에 쌓인 방사성 물질량은, 지금부터 90년 전 아직 방사선 등이 알려지지 않았을 때 우리들 주위에 있던 방사성 물질량에 비해, 천문학적 숫자의 배수를 곱한 정도의 다량이고 또, 만약 핵병기가 사용됐을 때 일어날 수 있는 피폭은 히로시마, 나가사키를 제외한 지금까지의 인공 방사능에 의한 피폭에 천문학적 숫자를 곱한 정도로 많은 것이다.

그러나, 페르미가 처음으로 원자핵 연쇄반응에 점화하고부터 40년간 히로시마, 나가사키라는 의도된 살육을 제외하고 지금까지 방사능에 의한 피해가 일어나지 않았다는 것은 놀라운 일이다. 이것은 오로지 안전을 위한 극단의 노력과 특히, 핵전쟁에 대해서는 제2차 세계대전 직후에 원자물리학의 아버지로 있는 덴마크의 닐스·보어가 반복해서 지적한 것같이, 각국이 전쟁에 대해서 깊은 주의를 하였기 때문이다. 이 배후에는 물론 사실(죽은 자들의 소리 없는 말)이 있지만 항상 경고와 계몽에 노력하고 있는 사람들의 일도 있 는 것이다.

이렇게 생각해 보면, 현재의 우리들과 방사능의 공존은 가능한 위험과 안전의 노력이라고 하는 서로의 큰 힘으로 긴장된 균형을 잡고 있는 것처럼 보인다. 전에, 사회는 방사능을 필요악이라고 했지만 개개인이 또는 각 그룹의 의사 형성은(예를 들어 원자력에 관한 의견 등에 대해서는) 필요와 악을 인정하면서 찬반에 대한 큰 차이에서 오는 오차와 같이 거의 임의라고 해도 좋은 사실 판정을 근거로 한 찬반론이 나오고 있다. 즉 필요할까, 해로울까, 찬성일까, 반대일까라는 물적 판정이 너무 어렵지만 현대인의 생존에 관한 문제이므로 오히려 감정과 정치적 견해가 결과를 정해버린다거나 무관심 때문에 당하는 결과가 되는 것이다.

내가 이 책에 지금부터 전개할 이야기는 이러한 "필요할까, 해로울까"라는 차원의 문제가 아니고 별도의 차원인 "어떻게 하면 방사능에 익숙할 수 있을까", 즉, 구체적으로 어떠한 방법으로 방사능의 위험을 극복할 수 있을까라는 것으로 앞의 찬반론은 나쁘게 말하면, 실제로 공헌하지 않는다는 의미로 전기공학과 수학적인 말로 허축상(虛軸上) 문제로 있는데 반해, 이 편은 어떻게 해서 방사능을 보다 안전하게 할까 하는 훨씬 실질적인 문제, 소위 실축상(實軸上)의 문제이다. 따라서 이야기가 물적, 기술적인 논지가 주로 되지만, 그 논지는 고교생 이상의 지식을 근본으로 해서 충분히 이해할 수 있을 것이다.

특히, 이것을 완전히 읽음으로 해서 현대 사회 중에서 방사능이 어떠한 플러스, 마이너스의 역할을 하고 있을까를 이해할 수 있을 것으로 생각한다. 그 후, 원자력과 핵 군비에 대해서 어떻게 생각해 갈 것인가는 절대적으로 독자의 자유이지만, 나의 논지를 이해한다면 단순히 생겨난 반대론과 정색을 하는 찬성론은 줄어들 것으로 생각한다.

간단히 책의 내용을 소개해 보면 다음과 같다.

우선, 제1장에는 어떻게 해서 방사능이 현대 사회의 대문제로 발전해 왔을까를 스케치한다. 이것은 베크렐, 퀴리 부인, 러더퍼드 경 등에 의해 이룩된 몇 개의 놀랄만한 발견에서 시작하여 히로시마, 나가사키의 인류적 비극을 피크로 하는 대드라마이다.

다음의 제2장에는 지금까지 인류가 아메바에서 진화 발전한 이래 경험한 적이 없는 방사능 피폭의 체험에 대해 논한다. 다음 제3장에서는 이 새로운 종류의 위험의 특성을 해석해 본다. 여기서는, 생물이 진화의 단계에서 방사선 피폭을 체험하지 않았다는 사실에서 오는 위험의 특성과, 다른 위험과 다르게 피폭이 느껴지지 않고 방사능의 존재가 일상 우리들과 가까이에서 어떠한 것을 요구하는지 확인할 수 없다는 것에서 생기는 위험의 특수성을 들었다.

다음의 제4장에서는 방재의 기초 지식으로서의 측정과 차폐에 관해 논한다.

제5장에서는 새로운 위험의 발생에 대처해서 사회가 반응하여 만든 방사선 방호에 관한 법규를 설명한다. 이것은 자동차의 발명 보급에 의한 위험에 대처해서 만들어진 '도로교통법'에 대응하는 것이지만, 자동차와 방사선이 극단적으로 성질이 다르기 때문에 운용이 상당히 다르고, 그 효과성이 극히 다르다는 것을 지적할 수밖에 없다. 특히 이 법률의 입법, 운용에는 기본적인 정책이 있다. 실은, 나를 포함한 상당히 많은 사람들이 이 기본정책에 중대한 오류가 있고(이것은 일본뿐 아니라 일반적으로 범하기 쉽다) 이것이 방사능의 위험을 오히려 증대시키고 있는 것을 경고한다.

다음의 제6장에는 현대의 두 개의 대문제인 핵병기와 원자력이 현대 사회에 있어서 어떠한 것인가에 대해 나의 의견을 논하고, 7장에서는 방사능과 공존을 강요받고 있는 지금 그것이 가능한 유일의 길로써 방재와 계몽의 필요, 그 구제책의 하나로써 비교적 위험이 없는 종류의 방사능 보급을 제안 그리고 그 목적에 상당히 적합한 아르곤 42(^{42}Ar)에 관해서는 제8장에 논한다. 특히 제9장에서는 이렇게 해서 방재, 계몽책을 실시할 때의 기술적 문제를 언급한다.

마지막 10장에는 이렇게 해서 방사능에 동화해 감으로써 과학 문명의 숙명을 조금 긴 안목으로 보면서 과학사적으로 파악하는 시도를 했다.

1986년 4월 마침내 일어난 체르노빌 사고에 의해 이 책의 논지는 유감스럽게도 실증된 것이 되었다. 그것에 관해서는 책 마지막의 부기를 참고하기 바란다.

1984년 8월
모리나가 하루히코

| 차례 |

제9장 | 기술적인 모든 문제

제10장 | 과학사적으로 보면……

제1장

방사능은 어떻게
현대 사회에 파고들어 왔나?

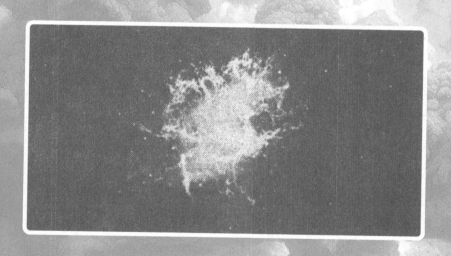

게 성운[헬 천문대]

1

우주 스케일

추정에 의하면, 지금부터 약 45억 년 전 태양계의 기본이 된 물질 덩어리가 대폭발(중성자를 발생시킬 정도의, 결국 그 전체가 원자 폭탄의 폭발과 같은)을 일으켜, 그때 발생한 고열에 의한 핵반응으로 현재 우리들이 사는 태양계 내의 원소가 만들어졌다.

이 과정의 경과와 그 귀결로 현재 원소의 존재비(조성)는 천문학의 연구 결과 주로 별의 분류와 원자핵 물리학의 지식을 이용해서 놀라울 만큼 잘 설명되어 있다. 또 그렇게 오랜 옛날에 폭발한 태양이 지금까지도 거의 같은 비율로 계속해서 빛나고 있는 것은 아직 그 중앙에서 수소가 타고 있기 때문이라는 가정도 여러 가지의 사실과 모순되지 않는다.

특히 생물이 지구상에 나타난 것이 벌써 32억 년 전으로, 그로부터 지구의 온도가 거의 일정하게 변화되지 않고 있다는 것을 설명하기 위해서는 꼭 태양 내에서 막대한 열복사 에너지를 보충하는 핵 연소를 가정하는 일이 필요하다.

온도가 일정하게 유지되면서 연소하는 이유는 현대 물리학의 이론을 이용하면 매우 잘 설명된다. 아직은 먼 이야기나 수소에 불이 붙어 연소하면서 헬륨으로 되면, 온도가 단계적으로 상승해서 헬륨이 타기 시작하는 것으로 기대된다.

태양(또는 일반적으로 말해 중형 크기 이상의 별)의 폭발에서는 2,000종이 넘는 핵의 종류(핵종)가 생성된다. 원자핵은 잘 알려진 것처럼 2종의 소립자, 양자와 중성자가 강하게 결합되어 있고, 그것의 수의 조합에 따라 핵종이 정해진다. 예를 들면, 2개의 수소는 양자 1개(적지만 중성자가 1개 붙은 중수소와 2개 붙은 방사선의 초중수소도 있다), 산소의 핵은 대부분 8개의 양자와 8개의 중성자가 결합한 것으로, 아주 드물게 8개의 양자와 9개의 중성자(0.038%), 8개의 양자에 10개의 중성자가 붙은 것(0.204%)이 있다. 후에 8개의 양자에 6, 7, 11, 17개의 중성자를 붙이는 일도 가능하나 이와 같은 핵은 전부 불안정하고, 방사능을 갖고 있으며 (다음 절) 정해진 반감기에서 방사선(β선)을 내서 다른 핵으로 변하고 만다. 중성자의 수가 너무 적으면 결합이 일어나지 않고 4개 이하와 17개 이상의 중성자는 8개의 양자와 붙지 않는다. 이것은 산소에는 3종의 안정 동위원소($^{16}_{8}O_8$, $^{17}_{8}O_9$, $^{18}_{8}O_{10}$)와 $^{16}_{8}O_7$ 등의 방사성(불안정) 동위원소가 있다고 한다. 우라늄에는 거의 안정하고 반감기가 대단히 긴 동위원소 $^{235}_{92}U_{143}$(반감기 7.038억 년)와 $^{238}_{92}U_{146}$(반감기 44.68억 년)가 0.7대 99.3의 비율로 포함되어 있다(보통 $^{235}_{92}U_{143}$로 쓰는 대신에 ^{235}U 또는 우라늄 235로 쓴다).

감쇠하는 방사능

따라서 금방 예상되는 것처럼, 별의 폭발에서 생성되는 2,000종의 핵(동위원소)도 그 대부분은 방사성의 것이고, 또 수분 정도 이하의 반감기로 곧 사라지고 만다. 폭발이 끝나고 1년이 지나면 그 별의 원소 조성은 지금의 것과(태양이라면 45억 년 후) 거의 같고, 거기에 2, 30종의 긴 반감기의 방사성 핵종이 조금 남게 될 뿐이다.

이렇게 해서 '시작'으로 만들어진 방사성 핵 중에서 1억 년 이상의 반감기를 가진 것도 있는데 현재에도 아주 적으나 지구상에 남아 있다. 반감기가 45억 년 정도를 넘는 핵종은 처음으로 만들어진 것이 그대로 대부분 남아 있으나, 반감기가 길면 길수록 방사성 붕괴의 비율은 줄어들므로 방사능으로서는 대단히 약하고, 그 검출이 어려워진다.

또, 수억 년 이하의 반감기라면 대부분이 없어져 버리므로 발견하는 일이 어렵게 된다. 예를 들면 반감기가 우주 연령의 0.1인 4억 5천만 1억 년의 반감기라면 2^{45}분의 1만 남는다. 우라늄 235가 238에 비해 단 0.7%로 아주 적은 것은, 만들어졌을 때는 같은 정도였지만 235의 반감기가 238에 비해 짧기 때문에 빠르게 양이 적어지게 된 것이다.

〈표 1-1〉에는 이와 같이 '시작'부터 있는 천연 방사능에서 현재 검출되는 방사능을 나타내었다. 이 중에서 큰핵 3종 ^{238}U, ^{235}U, ^{232}Th는 모두 여러 번 방사성 붕괴를 해서 최후에 ^{206}Pb, ^{207}Pb, ^{206}Pb라는 안정

핵종	붕괴 형식	반감기	천연의 존재비(%)	비고
^{238}U	α	4.468×10^9년	99.275%	그림
^{235}U	α	7.038×10^8년	0.720%	1·1
^{232}Th	α	1.41×10^{10}년	100%	참조
^{40}K	β^-, β^{+*} EC**	1.28×10^9년	0.0177%	
^{87}Rb	β^-	4.8×10^{10}년	27.83%	
^{138}La	EC, β^-	1.1×10^{11}년	99.91%	
^{147}Sm	α	1.06×10^{11}년	15.1%	
^{176}Lu	β^-	3.6×10^{10}년	2.61%	
^{187}Re	β^-	4×10^{10}년	62.6%	
^{190}Pt	α	6×10^{11}년	0.013%	

표 1-1 | 처음부터 있는 천연 방사능

* β^+는 양전자 방사능

** EC=Electron Capture(전자포획붕괴)는 양자가 갑자기 핵외 전자를 흡수해서 중성자가 되는 붕괴 형식

핵에 도달한다. 특히, 이 중에서 중요한 것은 ^{238}U이 두 번의 α 붕괴와 두 번의 β 붕괴 후 반감기 1600년의 ^{226}Ra이 된다. 〈그림 1-1〉에서 이 3종류의 핵붕괴의 방법을 나타냈다. 나중에 Pb보다 가벼운 장반감기의 천연 방사성 동위원소는 모두 한 번의 β 붕괴에서 안정핵이 된다.

천연 방사성 동위원소는 생물체 특히, 인류에 대한 피폭의 백그라운드로서, 또 지학 연구의 수단으로써 대단한 역할을 하고 있다.

이렇게 해서 지구상에 생물이 나타날 때는 벌써 천연 방사능은 현대에 아직 남아 있는 것 이외는 거의 사라져 버리고 전 생명의 진화 과정은 지금과 별다른 변화가 없이 아주 적은 방사능의 환경 속에서 이루어

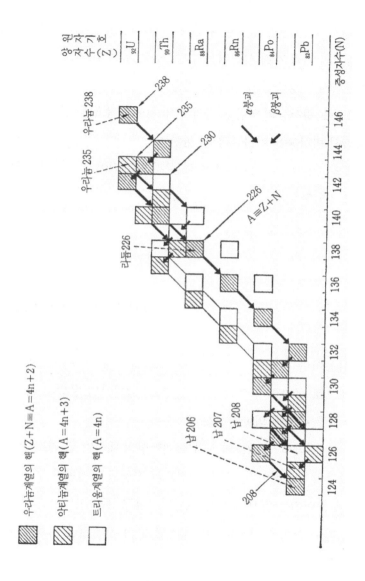

그림 1-1 | 중원소의 붕괴 계열(3종의 체인)

졌다. 현재 있는 천연 방사능의 양과 반감기는 아주 정확히 알고 있으므로 과거의 여러 가지 시점에서의 방사능의 양은 10억 년을 넘는 아주 먼 옛날까지도 정확히 추정된다. 예를 들면, 공룡이 멸종한 6천 5백만 년 전조차도 방사능의 양은 지금과 거의 차이가 없었을 것이다.

따라서 방사능은 아마 유전의 돌연변이에 대한 영향 정도를 제외하고 생물의 생활에는 별로 관계가 없는 것으로 되어 아무에게도 알려지지 않고 있었다.

3
인류에 의한 방사능의 발견

방사능이란 존재를 인류가 처음으로 알게 된 것은 전 세기의 끝 (1896년)으로 급속히 진행된 과학 연구로, 말하자면 용의된 상황 속에 일어난 작은 우연에 의한 것이었다.

1896년이라 하면 최초의 노벨 물리학상의 대상이 된 뢴트겐에 의한 X선 발견의 다음해이다. 고압, 중정도의 진공도 방전관이 투과도가 높고, 눈에 보이지는 않으나 사진에는 나타나고, 불가사의한 빛(방사선)을 낸다고 하는 사실은 당시의 물리학계만이 아니라 일반 사회까지도 놀라게 했다.

프랑스의 베크렐(Bacquerel)은 긴 인광(한번 빛에 노출된 물질 이 나중에

열쇠가 "열쇠"였다…….

잠시 동안 암실에서 빛을 내는 현상) 연구를 하고 있던 물리학자였으나 어느 날 책상의 서랍에 넣어 둔 사진 건판(필름)이 어느 사이에 감광되어 있고, 그 위에 올려놓은 열쇠의 그림자가 찍혀져 있었다. 이 필름 위에는 연구용으로 둔 우라늄의 광석이 있었다. 이것이 곧 어쩌면 X선과 같지는 않으나 사진에 찍히는 빛이 아닐까 하는 의심으로 연결되었다.

베크렐은 곧 이 놀라운 현상을 여러 가지로 조사해 1년 만에 이것은 우라늄이 자발적으로 방사하는 약한 X선과 같은 방사선이라는 결론에 도달하였다. 이 수회에 걸친 일련의 논문은 프랑스의 학회지 「콘도·란듀」에 게재되어 나도 전 대학에서 원자핵 물리학의 강의를 할 때 대충 훑어보았으나 간단한 실험에서 이 획기적인 발견을 결론짓기까지의 논리 전개는 현대 물리학에 뜻을 둔 학생이라면 꼭 읽기를 바란다. 베크렐은 이 현상을 방사능(Radioactivity)이라고 이름 지었다(이때는 방사성 물질을 방사능이라고도 불렀다).

4

퀴리 부인

폴란드 출신의 화학자 퀴리 부인이 프랑스에서 우라늄보다 백만 배 강한 방사능을 가진 라듐을 발견해서, 학문적으로나 기술적으로나 방사능 연구의 출발점이 된 것은 너무나도 유명하다. 그녀는 체코슬로바키아에서 가져온 화차 2대분의 우라늄 광석에서 공기의 이온화에 의한 방사능의 측정을 통해서 약 100㎎의 강한 방사능을 가진 신원소 라듐을 분리했다.

이는 인류와 방사능과의 관계에 있어서 역사적인 일로써 지금까지 이것만큼 고밀한 방사능은 생물의 발생 이래 지구상에 존재하지 않았다. 베크렐의 우라늄광에 있어서 방사능 농도는 겨우 측정될 정도의 약한 것이었다.

라듐의 방사능이 우라늄에 비해서 몇배가 강한가는 그것의 반감기를 보면 곧 알 수 있다. 우라늄 238의 반감기 45억 년을 라듐의 반감기

1,600년으로 나눈 것이 곧 그 값이다. 라듐은 현재 우라늄의 붕괴에서 생겨난 것으로 언제나 우라늄과 공존하나 그 자신은 1,600년의 반감기에서 없어진다. 따라서 평형 상태에서는 순차적으로 붕괴해 가고 방사성 동위원소의 양은 그 반감기에 비례한다.

따라서 우라늄광 중에 있는 라듐만을 꺼내면 그것은 우라늄의 3백만분의 1밖에 없으나 우라늄 전부가 갖고 있는 양과 같은 방사능을 갖고 있다.

1g의 라듐은 1초간에 3.7×10^{10}개의 α입자(고속도에서 나는 He의 원자핵)를 방사한다. 라듐의 발견을 기념해서 현재에도 방사능의 단위로서 1초당 3.7×10^{10}개의 붕괴를 하는 방사능의 양을 1퀴리라고 부르고 있다(최근에는 더 합리적인 단위로서 1초간에 1회 붕괴하는 방사능의 양을 1베크렐이라 하고 이 단위가 점점 쓰이게 되고 있다).

퀴리 부인은 이외에도 방사능이라는 신현상의 해명에 많은 중요한 공헌을 하였다. 특히 방사능의 반감기가 다른 물질의 물리 정수와 같은 온도나 화학결합 상태 등에 전혀 관계하지 않고 따라서 지금까지의 현상과는 전혀 다른 새로운 것임을 강조한 것이다.

원자핵 물리학의 탄생

방사능의 현상은 원자(정확히 말하면 원자핵)가 돌연 방사선을 방출해서 변환하는 현상으로 그 방사선에는 3종, 즉 α선, β선, γ선이 있고, α선은 알루미늄박 정도로 멈추고 마는 고속(빛의 속도의 0.1 정도)의 헬륨 원자(핵), β선은 여러 가지의 속도가 있는데 보통의 전자에서 광속에 가까운 것까지 있다. 그리고 γ선은 X선과 같은 파장이 짧은 빛(전자파)에 있는 것이 그 후 수년에 걸쳐 알게 되었다. 현재는 3종 외에도 몇 가지가 더 발견되었다.

이와 같이 방사선 자신의 성질이나 그 물체와의 상호 작용의 연구는 대부분 라듐 또는 그것과 비슷한 물질, 특히 퀴리 부인이 두 번째로 발견해서 자신의 조국과 관련지어 명명한 폴로늄을 사용해서 이루어졌다.

퀴리 부인이 처음으로 인식한 것처럼 방사능을 통해서 보이는 신세계는 지금까지 우리들에게 친숙했던 것과 다르다는 것을 점점 알게 되었다.

고전 물리학에 최초의 의혹을 표명한 것은 아인슈타인의 특수 상대성 이론으로 이것은 원자핵 물리학을 이용한 연구에서 실증되었다. 또 이 시대에 X선의 산란 실험에서 영국의 러더퍼드(Rutherford) 경은 원자가 오히려 태양계와 같은 중심의 핵을 갖고 있고, 그 주위에 혹성과 같은 전자가 돌고 있는 것을 알았다. 이것을 기초로 해서 수학적으로 처리된 새로운 원자 모형이 덴마크의 닐스 보어에 의해 만들어져 신원자론에 입각한 물리학화학의 기초가 되었다. 현대 물리학, 화학 더욱이 후에 분자생물학 등에도 모두 방사능의 연구와 손을 잡으며 진행되어 왔다.

따라서 금세기 초에서 1930년대까지는 라듐이 최선단의 연구를 하기 위해서는 필수이고, 나도 학생 시절 얼마나 라듐이 귀중한 것인가를 들어왔다. 일본에서도 퀴리 부인이 정량해서 사인한 라듐이 중요하게 사용되었다. 러더퍼드 경이 역사적으로 유명한 산란의 실험을 한 후 캐나다에 간 것도 캐나다의 어떤 실업가가 그에게 충분한 라듐을 사 주었기 때문이라고 알려져 있다. 방사능에 관해서 혹은 방사능을 이용해서 한 연구로 노벨상을 수상한 학자의 수는 대단히 많고, 전 노벨 물리학상의 반 이상이 방사능이나 방사선에 관계한 연구이다. 어떻게 방사능이나 방사선이 학문에 공헌했나에 대한 하나의 척도라고도 말할 수 있겠다.

6

우주선과 가속기

1910년경에 독일의 헤스가 우리들의 환경 속에는 우라늄 등의 방사성 물질에서 나오는 천연의 방사선 외에, 지구 외에서 오는 매우 약한(적은 수), 그러나 당치도 않은 큰 운동 에너지(대부분의 고속입자의 속도는 모두 빛의 속도와 같은 속도이므로, 보다 고속이라는 것은 상대론의 말처럼 의

번개에 원자핵 반응을 시킨다는 생각은 잘 되지 않았다.

미를 주지 않는다)를 가잔 방사선이 있는 것을 발견했다.

지금 우주선은 부분적으로 태양에서, 특히 고에너지인 것은 은하계 내외 초신성의 폭발에서 생긴 것으로 여겨진다. 학문적으로는 대단히 재미있는 것이나 지금 상태에서는 응용 분야로서 생물이 옛날부터 받아온 방사선에서 유전이나 돌연변이에 영향을 주었다는 정도만이지 실험적인 의미는 없다.

3종의 방사선 가운데 원자·원자핵 물리학의 확립에 가장 중요한 역할을 해낸 것은 α입자이다. 원자 모형이 생길 수 있는 기회가 된 것은 1911년의 산란 실험 후 러더퍼드는 1919년에 α입자에 의한 원자핵 반응을 처음으로 관측했다. 더욱 중성자의 발견(채드윅 1932년), 인공 방사능(졸리오 퀴리, 1934)도 α입자에 의한 실험이다.

그런데 1920년대 말기에서 원자핵 물리학자와 전기공학자 사이에 새로운 꿈이 나왔다. 그것은 자연 방사능에서 나오는 입자가 아니고, '인공적으로 가속한' 텔레비전의 브라운관이나 X선관 중에서 전자를 이용해서 만들어진 가속 입자를 연구하는 것이다.

예를 들면, 입자라면 라듐에서 방사되는 입자와 같은 에너지(속도)를 주기 위해서는 250만 볼트의 전압이 있으면 되고, 양자(수소의 핵)를 가속하면 더 적은 전압에서 가속한 것이라도 핵반응 외에도 재미있는 현상을 끌어낼 수 있다.

1퀴리 라듐이라 하면 당시에도 상당한 양이나, 입자 수는 모든 방향의 것을 넣어 1초에 3.7×10^{10}이 넘지 않는다. 만약, 단 1마이크로암페어(㎂)라고 하는 아주 적은 이온류를 가속하는 일이 가능하면 그것은 벌써 0.6×10^{13}개의 입자로 그 위에 브라운관이나 전자 현미경 속의 전자류와 같이 자유로이 집점을 맞추는 일도 가능하고, 또 스위치를 켜고 끄는 것도 자유롭다.

최초에 이러한 인공 가속 입자를 만드는 실험은 비극으로 끝났다. 고전압을 얻기 위해 스위스의 협곡에서 절연한 전선을 펴, 천둥을 붙잡으려고 했던 연구자는 그 연구 중 순직했다.

최초로 인공 가속에 성공한 사람은 영국의 코크로프트(J. Cockcroft)와 월턴(E. T. S. Walton)으로 대형의 보통 변압기와 대형의 콘덴서를 조립한 고압발생장치를 이용해서 예상보다 훨씬 더 적은 전압 20만 볼트 미만에서 가속한 양자가 리튬 원자핵과 핵반응하는 것을 확인했다.

근래 여러 가지 신원리를 사용한 가속기가 발명되고 있으나 그중에서도 1930년 아메리카의 로렌스가 발명한 사이클로트론(cyclotron)은 양자나 α입자를 자연 방사능이 주는 것보다 훨씬 빠르게(높은 에너지) 가속하고, 그것보다 몇 퀴리 강한 인공 방사능—이것은 졸리오 퀴리가 천연 방사능에서 추출한 입자를 이용해서 만들어지는 한계보다 몇백만 배가 강하다—을 거의 모든 원소에 줄 수 있게 되었다.

7

방사성 동위원소의 이용

물론 이 가속기가 원자핵 물리학의 발전에 기여한 것은 당연하나, 아마도 그것보다 더 중요한 의의는 거의 대부분의 원소에 방사능을 줄 수 있고, 그것에 의해 화학을 기초로 한 생물학, 의학 그 외 거의 대부분의 자연 과학, 실학의 분야에 동위원소(isotope; 일반으로는 방사성 동위원소의 의미에 쓰이고 있음)에 이용된다.

전쟁 전은 동위원소의 이용이 대개가 연구용으로 제한되어 있었다. 그러나 이미 몇 개의 중요한 연구가 동위원소를 사용해서 행해지고 있다. 식물이 암실에서도 탄산 가스를 흡입한다는 것은 사이클로트론을 사용해서 만든 반감기 20분의 탄소 11(보통의 탄소는 12)를 이용해서 알았다. 전쟁 전에 잘 이용되었던 것은 ^{32}P, ^{24}Na 등이다.

현재 동위원소는 연구용뿐만이 아니라 여러 곳에 실용되고 특히 의료 면에서 치료나 진단에 이용되고 있다. 주요한 생물학계의 연구소와 거의 모든 대병원도 현재 동위원소 검사실을 갖고 있다. 특히 최근 빠르고 넓게 사용하기 시작한 것은 테크네튬(Tc) 99의 동위체(반감기 6시간)로 여러 가지 유리한 성질 때문에 다른 동위원소, 예를 들면 ^{132}I 등을 구축하고 있을 정도다. Tc은 암 등의 종양에 모이고, 그곳에서 나오는 비교적 낮은 에너지의 γ선을 포착해서 그 위치를 정할 수 있기 때문에 진단에 많은 도움을 준다.

어떤 종류의 동위원소는 원자로보다 간단히 다량으로 생산된다. $^{99}Tc^m$은 먼저 원자로에서 그 원조 ^{99}Mo(66시간)을 만들어 그것을 시판하는데 $^{99}Tc^m$은 병원에서 사용 직전에 ^{99}Mo가 붕괴해서 생긴 것을 분리해서 사용한다 이 과정을 밀킹(milking)한다고 한다.

상세한 것은 다음 장에서 설명한다.

핵분열의 발견

1932년에 채드윅은 방사성 물질(라듐, 폴로늄 등)에서 나오는 α입자가 베릴륨이라는 가벼운 금속에 닿으면 굉장히 투과력이 강한 방사선과 같은 것이 나오나, 이것은 양자와 같은 무게를 가진 중성에서 전기의 무게를 갖지 않은 다른 핵과 잘 반응하는 새로운 입자, 중성자라고 하는 결론을 내렸다. 그 후 이탈리아에 있는 로마대학의 대천재 페르미는 이 중성자를 파라핀으로 감속시킨 후, 여러 가지 원소에 닿게 하면 각기 1종 또는 2종, 때로는 그 이상의 종류의 방사능이 생기는 것을 볼 수 있었다. 그때 우라늄만은 많은 수의 방사능이 생기는 것을 볼 수 있고, 혹시나 핵의 분열이 아닐까 하는 생각도 들었으나, 자신의 이론에 따라서 그럴 수는 없다고 생각했다. 그러나 이 이론에 사용한 다른 자료가 잘못되어 사실은 핵분열이 일어나고 있었던 것이다.

1939년은 독일이 전쟁을 시작해서 세계가 중대한 긴장 속에 있었던 때이나, 그 독일의 두 사람의 화학자 한과 스트라스만은 우라늄에 중성자가 닿으면 바륨이 생긴다는 것을 확인해 발표했다. 이것은 우라늄의 핵이 중성자를 흡수한 후 거의 같은 정도(다소 크기는 다르다)의 2개의 파편으로 갈라진 것의 증거였다. 벌써 이 무렵에는 원자핵 물리학은 상당한 이론적인 정리가 되어 있었기에, 이것은 큰 발견이 되었다. 왜냐하면 어떻게 해서 중성자 흡수에 동반한 우라늄이 분열하면 막대한 에너지와 중성자가 나오는지를 의심의 여지 없이 밝혔기 때문이다. 그리고 만약, 그때 중성자의 수가 1을 넘고 있으면(대부분 넘고 있지만 지금 알려진 수는 2.5이다) 연쇄 반응이 일어나 원자 폭탄이 가능하고, 또 하려고만 한다면 원자로도 만들어질 수 있다. 저자도 전쟁이 시작될 즈음 우라늄 1g이 폭발해서 나오는 에너지양은 전함 '무츠(陸奧)'를 몇백 미터 공중으로 올릴 수 있는 에너지와 같다고 하는 기사를 신문에서 읽은 기억이 난다.

9
연쇄 핵반응의 실현

상아탑 속에서 일어나는 이러한 큰 발견은 사회에 중대한 영향력을 갖는 가능성을 보였으나 제2차 대전 중에 사라지고 말았다. 순수한 연구는 어느 그룹에서도 정지되고, 군사 이용의 가능성이 있는 것은 알려 줄 이유가 없었다. 지금까지 이미 이 장에서 이야기한 것으로도 추측되는 것처럼 순수한 학문으로서 원자핵의 물리, 화학이 연구되고 있는 동안은 더없이 전부가 국제적이었으나, 정말로 핵분열이 발견된 시점에서 세계는 이것 또한 두 개로 분열하고 말았다.

일본에서는 장기전을 생각하고 있지 않았는지, 어전(御前) 회의에서 물리학자들은 미국조차도 그 기술적인 곤란 때문에 원자 폭탄을 이 전쟁에 맞출 수 없을 것이라는 답신을 한 것이다.

독일에서는 히틀러의 유대인 추방과 전체적으로 반학문적인 태도 때문에 사실상 내놓을 만한 연구가 화려한 근대 과학사와는 관계없이 행해지지 않았다. 그리고 히틀러가 저지른 추방 때문에 당시 최고의 두뇌가 미국으로 건너가고 말았다.

이러한 사정에 관해서 나는 독일의 현대 과학사에 관계하고 있는 어떤 노벨상 수상자로부터 들은 것이나, 전부의 이야기를 혼자서 완전히 알고 있는 사람은 없는 듯하다. 그러나 결과로써는 아인슈타인의 루스벨트에의 진언에 의해서 원자 폭탄의 개발이 전력투구로 시작되었다. 이것에 관한 이야기는 예를 들면, 오펜하이머(Oppenheimer)의 비극 등을 통해서 여러분도 알고 계시리라 생각된다.

1942년 12월 2일 시카고 대학의 운동장 지하에 숨겨진 연구실에서 부인이 유대인이기 때문에 전란의 유럽을 피해서 도미해 있던 페르미가 처음으로 우라늄 핵분열의 연쇄 반응에 불을 붙였다. 태평양 전쟁이 시작되고 약 1년 후의 일이다. 이것은 천천히 타오르는 불로서 이른바 원자로의 제1호다.

한편, 미국 군사 연구 측은 그로브스 장군 지휘하에 로스앨러모스의 비밀 연구소(소장 오펜하이머)에서 많은 물리학자를 동원해서 원자로의 점화로부터 3년 이내에 제1호 원자 폭탄의 실험을 했다. 45억 년 전부터 한 번도 일어난 일이 없는 핵폭발의 화구가 지구상에 작지만 나타났다.

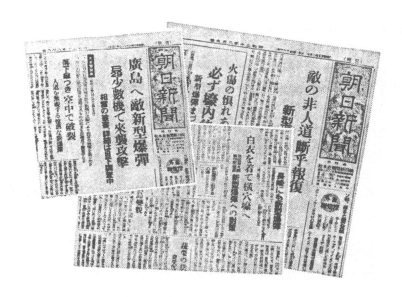

히로시마 신형 폭탄 투하를 보도한 당시의 신문

　　1945년 8월 7일 아침 나는 학생 동원으로 가 있던 해군 시마다(島田)기술연구소의 식당에서 히로시마에 신형 폭탄 투하의 기사를 읽었다. 이 연구소는 예의 어전 회의 이후, 해군은 특히 레이더에 힘을 쓰기 위해 제일선의 물리학자를 모으고 있었기에, 나는 금세 그 사람들로부터 '이것은 원자 폭탄으로밖에는 생각되지 않아, 미국이 개발하고 만거야'라고 하는 의견을 들었다. 현지에서는 폭심에서 1.5킬로미터 정도 떨어진 곳에 있던 X선의 필름이 완전히 감광되어 버렸기에 원자 폭탄이라고 알게 된 모양이다. 수일 후에 니시나 요시오 박사가 도쿄에서 카운터를 갖고, 비행기에서 측정해보니 일면의 방사능을 발견했다고 한다.

이렇게 해서 원자로나 원자 폭탄에서 만들어진 방사능의 양은 연구실의 가속기에서 만들어지는 것에 비해 더욱더 수준 높은 것이다.

10
전후의 발전

제2차 세계대전이 끝나 세계는 또 새로운 힘의 균형 위에 세워지기 시작했다. 원자핵 물리학이 탄생시킨 2개의 상반되는 것, 원자로와 원자병기는 별개의 세계에 살고 있는 듯하다. 원자로 쪽은 인류가 아닌 적의 하나(에너지 위기)를 극복하는 방법으로써 '원자력의 평화 이용'이라는 이름 하에 재차 국제적인 협력을 앞세워 진행해 간다. 원자병기 측은 당연한 일인 것처럼 열강이 전쟁 중과 같이 비밀리에(때로는 위협하기 위해 어떤 데이터를 부분적으로 발표하면서) 광기의 경쟁을 시작하고 있다.

이렇게 해서 원자력은 각국의 노력의 결과, 다행히 지금까지 큰 공표된 사고 없이 총에너지 생산의 상당한 부분을 담당하여 왔다. 또 넓은 의미에서 원자력의 평화 이용의 일부로서 여겨지고 있는 방사성 동위원소의 이용을 이미 학문의 모든 분야에서만이 아니라, 일반의 모든 사업에 이용되며 특히 의료계에서는 없어서는 안 될 것이 되고 말았다.

한편, 원자병기 측은 그 무서움 때문인지 위정자들을 경솔한 전쟁에 휩쓸리지 않도록 견제하고 있는 것처럼 보인다.

그러나, 어느 쪽을 보아도 안전은 결코 수동적이면 안 된다. 원자로에서 나오는 방사성 폐기물은 이미 그의 아주 적은 일부가 확산해서 대참사를 일으키기도 하고, 또 미·러가 소유한 핵폭발물은 전 세계를 파괴하고도 남을 정도이다.

이렇게 생각하면 전 인류의 안전은 생각지도 않게 변하고 말았다. 위험이 가까이 오면 그만큼 그것에 대한 대비책을 생각해 두어야만 한다. 병기나 원자로도 인간이 생각해 낸 것이므로 안전 측면에서도 잘 생각해 병행시켜 나가야 한다.

이자야 벤다산(山本七平) 씨에 의하면 일본인은 물과 안전은 공짜라고 생각하는 듯하나, 서구화한 일본의 사회에서는 벌써 이 개념은 통용되지 않는다.

제2장

피폭의 역사

퀴리 부인과 그녀의 묘

자연 속에서

이과 실험 등에서 가이거 계수관을 취급하는 사람이라면 누구나 경험했으리라고 생각되는데, 보통 크기의 계수관이라면 옆에 전혀 방사성을 내는 것이 없더라도 1분 동안에 두 번, 세 번 풍풍 소리가 난다. 이것은 아무것도 없이 어지럽게 소리가 나는 것이 아니라, 우리가 살고 있는 자연의 환경 속에는 이미 이 정도의 방사선이 있기 때문이다.

가이거 계수관이 감지하는 것은 대부분이 앞에서 설명한 우주선 (cosmic ray)이다. 이것은 태양계 외에서 오는 높은 운동에너지의 양자나 원자의 핵이 성층권 내에서 공기 중의 분자의 원자핵과 충돌을 일으켜 그때 나오는 파이 중간자가 비행 중에 붕괴해 2차적으로 생긴 초고속 뮤 중간자, 전자 등이라는 것을 알았다. 이 중에서도 특히, 뮤 중간자는 관통력이 강하여 어떤 콘크리트의 두꺼운 벽이라도 투과하므로 사실상 차폐는 불가능하다.

따라서 반드시 방사선의 영향이 없는 물리학이나 생물학의 실험을 할 필요가 있을 경우는 깊은 광산이나 터널 속에서나 가능하다. 내가 아직 학생이었을 때 이화학연구소에 근로봉사로 갔을 때 그 니시나(仁科) 연구실에서는 하늘소를 이용한 유전 실험이 시미즈(淸水) 터널 속에서 이루어지고 있었다. 해발 수백 미터 떨어진 곳에 살고 있는 사람들에게 우주선과 같은 정도의 피폭을 주는 것은 칼륨 40과 탄소 14이다.

칼륨 40은 인체의 자연 방사능 가운데 태양계가 최초로 시작될 때부터 지금까지 아주 조금씩 붕괴하고 있는 초장 반감기 방사능이고, 탄소 14는 우주선이 2차적으로 만든 중성자가 공기 중의 질소에 닿아 생기는 반감기 5760년의 방사능이다. 그 외에 인도에 있는 어떤 지방이나 라듐 광천 옆, 또 건재에 따라 자연 방사능을 갖고 있는 것 등은 보통 우주선이나 칼륨에 의한 것 이상의 피폭을 주는 수도 있다.

자연인 중에서 가장 많은 방사선에 노출된 사람은 아마도 고지(티베트, 안데스 등 5,000미터 정도)에 살고 있는 사람들일 것이다.

이와 같은 자연 피폭과 그것이 인간이나 그 외의 생물, 특히 그 유전이나 진화에 미친 영향을 아는 것은, 우리들의 피폭 원점을 알기 위해서 대단히 중요한 것으로 여러 가지 연구가 행해지고 있다. 물론 큰 영향은 발견되지 않고 있다. 〈표 2-1〉에 자연 피폭의 선량을 나타내었다.

	선량(연당 mrem)		
외부피폭	전신	뼈	폐
해면에서의 우주선*	35	35	35
지표의 방사능	70	70	70
내부피폭			
칼륨 40	20	5	20
탄소 14	1.5	1.5	1.5
라듐 226	5	50	5
라돈 등의 가스			120
계	~130	~160	~250

표 2-1 | 자연 피폭량
* 지방에 따라서는 1,000mrem이 되는 곳도 있다.

위험의 인식

1985년 뢴트겐에 의해 발견된 X선은 곧 인체 내부를 투시하는 놀라울 정도의 위력을 가진 '보이지 않는 빛'으로 학계에 다루어졌다. 물론, 이것은 우주선이나 방사능 발견 이전의 일이었으므로 지금 생각하고 있는 것처럼 방사선 피폭이라는 개념 등이 없었던 때의 일이다. 그러나 뢴트겐 사진을 한 장 찍을 때 인체가 받는 방사선의 양은 지금까지 사람들이 경험한 것의 수준을 훨씬 넘는 것이다.

'보이지 않지만 투과하고 마는 방사선'이라고 하면, 전혀 위험하다고는 생각되지 않고 또 닿아도 열을 느낄 수 있는 것도 아닌 X선이 X선관 가까이서 길게 쬐고 있으면 피부에 화상과 같은 증상을 일으키고, 화상보다도 심부에 더 영향을 준다는 것을 알아차린 것은 발견한 지 1년 후다. 이미 독일에서 X선이 발견되고 꼭 1년 후에 미국인 톰슨이 X선이 인체에 어떤 영향을 주는지를 보기 위해 자신의 손가락 하나에 며칠간 X선을 쬐고, 수 주 후에 화상과 같은 현상을 관찰했다.

X선의 이용은 매우 빨리 퍼졌기 때문에 대량의 피폭을 받은 의사, X선 기사들 사이에 이미 처음 수년간 화상뿐 아니라 암이 발견되었고, 더욱 손가락 등 뼈에 암이 발생, 그 때문에 더 퍼짐을 두려워해 손가락, 손 등의 절단을 강요당하는 예가 나왔다. 이미 1902년에 사진 필름에 의한 선량의 추정이 행해져, 100뢴트겐을 선량의 안전 한계라 여기기

도 했다(뢴트겐은 방사선 총량의 단위).

방사성 물질에 의한 피폭은 방사선 피폭이라고 하는 점에서는 본질적으로는 같은 것이나 그 위험을 인식하기까지에는 많은 시간이 걸렸다. 그러나 이미 방사능의 발견자 베크렐은 소량의 방사성 물질을 취급한 후, 상당한 강도의 그것도 치료하기 어려운 피부궤양에 걸린 것을 보고했다. X선만큼 일찍부터 문제화되지 않았던 것은, 방사능은 발견 후 반세기 가깝게 주로 상아탑 속에 감추어져 일반 사회와 접촉이 없었기 때문이라고 여겨진다. 연구자는 대충 위험 가능성을 이론적으로 알고 있고 그대로의 자주적인 방책을 갖고 있을 것이다.

3

퀴리 부인의 죽음

방사능에 의한 사망이 최초로 확인된 것은 그 발견 후 약 4반세기가 지난 후의 일이다. 대체로 긴 시간 강한 방사능을 얻는 일은 대단히 어렵고 라듐 등은 대단한 귀중품이었다. 그러나 그 특성을 잘 알게 되면 아주 적은 양으로도 두드러진 역할을 하는 것을 알 수 있다.

아주 적은 양의 라듐을 형광제에 섞은 것이 제1차 대전 중 전략용의 야광도료로써 생산되었다. 최초의 방사능 희생자는 이 야광도료를 다이얼에 바른 여공이었다. 붓으로 칠하는 작업 시 조금씩 매끄럽고 뾰족

통과해 지나간 정도가 아니다….

한 붓끝으로 들어온 라듐이 그녀의 뼈를 침식한 것이다.

초기 라듐의 이용에서는 같은 경우가 자주 보고되기도 하고, 또 병원에서 조사에 사용하는 라듐에서도 사고가 있어 지금으로써는 라듐의 사용은 강하게 제한되고 있다. 이러한 위험한 성질에 대해서는 다음 장에서 이야기하기로 하자.

퀴리 부인이 라듐 발견 시 사용한 우라늄의 산지 보헤미아 지방의 광산에서 광부들의 폐암 발생률이 특히 높다고 하는 과거의 기록도 방사능 장해의 하나라고 여겨진다.

X선 사용 초기에 희생자가 의사였다는 것과 방사능 발견 초기에 희

생자가 적었던 것은 앞서 이야기한 것처럼 방사능이 금방 실용화되지 않고 연구 단계가 길게 이어지고, 적어도 연구실 안에서는 점진적으로 연구가 진행되었기 때문이라고 여겨지나, 역시 g 단위의 라듐을 처음으로 분리·농축해서 그 연구를 한 퀴리 부인은 그중에서도 가장 강한 피폭을 당했다. 그 양은 측정할 수도 없지만 이러한 대량의 라듐은 지금이라면 사람이 접근할 수도 없는 정도의 양이다.

퀴리 부인은 67세에 전형적인 방사성 장해인 무형성빈혈로 사망하였다. 그러나 이러한 형의 빈혈증은 라듐의 체내 축적보다도 오히려 오랫동안 체외로부터의 조사에 의해 일어나게 된다. 당시 아직 아무것도 모르는 때의 일이므로 체외피폭은 당연하리라고 생각되나, 이만큼 대량(야광 시계의 수억 배의 양)의 라듐을 취급하고 있으면서 위험량(근소량)의 라듐도 섭취하지 않았던 것은, 그녀가 얼마나 주의 깊고 훌륭한 과학자였나를 나타내는 하나의 증거라고 생각할 수 있겠다.

4

병원·연구실에서의 작은 사고에 의한 피폭

최초 희생자들의 경험이 잘 알려진 탓일까, X선이나 방사능에 의한 장해는 그 이용이나 연구 발전 사이에 놀라울 정도로 아주 적게 일어났다.

아이들이 한번 뜨거운 것에 닿은 후에는 아주 신중해지는 것처럼 당사자들은 위험 한계를 빠르게 파악한 것이다. 우리들은 주변에 고열, 전기, 고속도로와 생명에 관계되는 것들로 둘러싸여 있으면서 대체로 그것들을 잘 이용하고 있다. 방사선의 경우에 적어도 X선에 관한 한, 이 100년 가까운 시간 동안 잘 숙달되었다고 해도 될 것이다.

앞에서 말한 라듐 섭취의 사망에는 1931년까지 18명이라 하고, 그후 위험에 눈뜨기 시작해 그 이상 늘어나지 않았다. 이미 전 세계의 병원에서 다량의 방사성 물질이 진단·치료에 사용되고 있으나 사고 예는 거의 없다.

물론 이렇게 해서 사용하는 방법은 알아도 대부분의 다른 위험과 같이 여러 가지로 알 수 없는 원인으로 사고가 일어난다. 사고는 꼭 비극을 부르나 동시에 다음 비극에 대한 경고, 그것과 같은 사고를 일으키지 않도록 하는 대책을 가르쳐주고 있다. 아이들이 다치면 교통신호가 생기는 것과 같다.

연구실이나 병원에서의 방사능에 의한 대사고는 별로 들어보지 못했고, 또 중소사고라면 보고되지 않기에 나의 기억에 있는 것은 별로 없으나, 내 자신 가까이에서 일어난 일을 몇 개 들어보자. 단 이것은 어느 정도 시효가 지난 것뿐이다.

먼저, 나의 은사들 니시나 요시오, 사가네 료키치(嵯峨根遼吉), 기쿠치 세이시(菊池正士) 등 일본 핵물리학의 선구자들이 요절한 것은 의미가 없는 것은 아닐 것이다. 그러나 이것은 사고라고 하기보다 오히려 퀴리 부인과 같은 선구자로서의 희생자라고 말할 수 있겠다.

또, 미국인 한 명과 독일인 한 명이 중성자로 시력이 나빠진 예와 동대병원 간호원들 사이에 라듐 중독이 된 사람이 있다는 이야기, 코발트 선원 수송 중에 사고가 있어 용기가 깨져 납 용기에서 노출된 선원을 손으로 잡은 운전수가 손을 잃어버린 이야기, 독일의 어떤 병원에서 선량 측정기가 고장이 나서 환자가 과잉의 방사선을 쪼인 이야기 등 수십 년 동안 방사능을 취급하면서 주변에서 들은 것은 이 정도였다.

5

히로시마·나가사키

이렇게 해서 단 50년 전까지 개벽 이래 이질의 실재 방사능을 주의 깊게 동화하기 시작한 인류 역사에 지워버릴 수 없는 오점을 남긴 것이 히로시마·나가사키이다. 23만 명 가까운 비전투원을 즉시에, 또 감당할 수 없는 쓰라림 뒤에 살육했다는 사실과 병행해서 히로시마·나가사키는 그 후 더욱 핵병기의 정력적인 개발에 의해 인류가 스스로를 멸망시킬 수 있다고 하는 것을 실증한 셈이다.

히로시마·나가사키의 원폭은 우선, 그 파괴력을 목적했다는 것이 명백하고 그것들이 수백 미터 상공에서 의도한 대로 점화되어 폭심에서 1,000미터 이내의 시가를 일순에 폐허로 만들었다. 핵폭탄에 동반하는

표 2-2 | 히로시마·나가사키의 원폭에 의한 추정 사망자 수(1945년 12월까지)

중성자와 감마선 조사, 그 후 생성된 방사능 조사는 오히려 부산물이었던 것이다. 만약 폭탄의 효율을 높이기 위해서 철괴 대신에 코발트를 이용했다면 방사능을 보다 높일 수도 있었을 것이다.

어느 만큼의 사람이 직접·간접으로 화상·폭풍·열상 등으로 사망하고, 어느 정도의 사람이 폭발에 따르는 방사선이나 방사능에 의해 피폭으로 사망했는가는 정확히 알려지지 않고 있으나, 치사량의 피폭을 당한 사람(다른 원인으로 사망한 사람을 포함해서)은 '원폭 증내'로 사망한 사람보다 훨씬 더 많을 것이다. 이러한 의미에서 원폭은 보통 것이라 하더라도 최저량의 방사선을 방출하므로 오히려 결정적인 방사능 살육 병기이고, 파괴력 면에서는 부산물과 같은 것이다.

실제로 당시 히로시마에 있던 사람들이 어느 정도의 피폭을 받았는가를 추정하는 일은 반드시 용이하다고는 할 수 없다. 폭탄에서 나오는 고속 중성자와 감마선의 양은 우라늄이 전부 반응했다고 하면 추정 가능하나, 그것이 각자에게 도달하는 사이에 폭탄을 만드는 철 용기와 공기층을 통하기 때문에 더욱 그 사람이 있던 주의의 차폐 상황에 따라 꽤 차이가 난다. 지금까지도 폭심지 근처였으나 석조건축의 그늘에 있다가 살아난 사람이 있어, 이것은 폭풍으로부터 화를 면한 것만이 아니라 폭발에 따르는 중성자선과 감마선의 그늘에 있었기 때문이라고 여겨진다. 후방사능에 의한 피폭은 검은 비와의 접촉과 방사성 물질의 섭취에 의한 것으로 개인에 따라 큰 차가 있으나, 오히려 그 후 경과로 보면 다수의 사람이 치사량의 피폭을 받은 것은 명백하다. 현재 여러 가지 수단을 이용해 피폭량 추정을 하는 연구가 행해지고 있다.

6

히로시마·나가사키 이후

히로시마·나가사키의 효과와 참상을 보고 세계 사람들은 현재 미래 전쟁의 무서움을 잘 알고 있다. 그리고 과학이 이렇게도 강력하고 무서운 양쪽 날을 가진 칼이라는 사실을 알고 있다.

죽은 자의 수로 말하자면 히로시마와 3회의 도쿄 대공습은 그렇게 큰 차이는 없으나, 한 도시의 파괴로 보면 서독의 드레스덴에서도 한밤에 13만 5천 명이 죽어갔다. 그러나 사람들을 전율시킨 것은 단 한 대의 B29에 의해 한 개의 폭탄이 이러한 일을 했다는 것에, 그것도 이것이 신시대 병기의 시작이었다는 것이다. 그것도 전후 사회가 아직 일어나지 않은 때 단 몇 년 사이에 원폭을 만든 과학자 그룹은 더욱 그 수천 배의 파괴력이 있는 수폭을 완성해 남태평양에서 실험, 병기고에 쌓기 시작했다. 이미 현재는 미·러가 보유하는 수폭·원폭은 그것이 전부 사용되면 그 방사능으로 전 인류를 절멸시키고도 남을 양이라고 한다.

닐스 보어는 물리학계의 거장일 뿐 아니라, 철학과 과학에 걸쳐 많은 공헌을 한 사람이고, 또 원폭 개발에도 간접으로 관계하고 있으며 전후 신시대에 관해 여러 가지 고찰을 하고 있다. 특히, 전후에 곧 이 무서움을 인식했기 때문에 강국의 지도자들이 주의하게 되고, 그 때문에 세계대전은 일어나기 어렵게 될 것이라고 말하고 있다. 확실히 이 통찰은 지금 생각해 보면 잘 맞아들어가는 것이 놀라운 일이나 주의해야 할 일은 역시 이 결론에 조건이 붙어 있다는 것이다. 결국 무서움의 인식이라는 것이 들어가 있으나, 과연 지금까지도 사람들이 이 인식을 갖고 있는지가 마음에 걸린다. "천재(天災)는 잊혀질 날이 온다"는 데라다 도라히코(寺田寅彦)의 명언처럼 전쟁에서의 실감을 잊어버리는 일이 없다고 하는 보증은 없다.

히로시마·나가사키의 비극에 대해 세계가 배운 것은 현재 과학이 자신들을 절멸시키는 능력을 이미 갖고 있다는 것이다. 이러한 것은 지금까지 역사상 없었던 일이다. 늘 역사에는 미지의 불안이 있는 것처럼 지금이야말로 강한 불안이 있고, 그 불안으로부터 인류를 지키기 위해 지금까지 없었던 만큼의 높은 지성의 요구가 현대 사회에 부과되어 왔다. 그것은 보어가 각국의 지도자에 요구한 때보다 훨씬 더 많은 사람들에 대한 강한 요구일 것이다.

핵실험과 강하물

히로시마·나가사키에 이어서 다행으로 아직 인간 집단에 대해서는 한 번도 원자 폭탄은 사용되지 않았으나, 어디에 대비해서인가 세계 중 주로 미·러, 거기에 영국·프랑스·중국 등에 의해 1980년까지 무려 1123회의 핵폭발 실험이 행해지고 있다. 이 중에 423회는 대기 중에서 행한 것으로, 물론 대량의 방사능이 사방으로 흩어졌다. 따라서 실험은 미국 내에서는 네바다의 사막에서, 구소련에서는 중앙아시아라고 하는 인간이 살고 있지 않는 곳에서 또 태평양의 중간 등 특히 비키니·무루로아 등이 실험 개소로 선택되고 있다.

1954년 비키니의 수폭 실험 때 풍향 때문에 야이즈 항에서 나온 일본 어선 제5복용환(福龍丸)이 내려오는 재를 맞아 방사선 피폭 때문에

비키니의 수폭 실험으로 피폭당한 제5복용환

한 명이 사망하는 사고가 났다.

　　대기 중의 실험일 경우는 버섯구름이 생겨 국지적으로 강한 방사능을 가진 강우·강재가 일어난다. 더욱 일부의 방사성 물질은 대류권의 기류를 타고 폭발 지점에서 수백 내지 수천 킬로미터 지점에 강하, 또 일부는 성층권에 들어가 길게 체류해 조금씩 세계 중(주로 동일 반구)에 서서히 떨어진다.

대기 중의 핵실험은 이처럼 유해한 강하물을 만들어 내기 때문에 국제적인 문제로 발전했다. 1962년 케네디와 흐루쇼프의 미·러(소련) 회담에서 대기 중 핵실험을 상호 폐지하기로 하고, 그 후의 핵실험은 오로지 지하에서 행하도록 되었다.

대기 중의 핵실험 금지 덕분에 지금으로서는 성층권 강하물에 의한 환경 피폭은 아직 자연 피폭보다 한 단계 적고, 문제가 되는 지점까지는 가지 않았다. 핵종으로서는 28년의 반감기 스트론튬(Sr) 90에 30년의 반감기 세슘(Cs) 137이 대부분이다.

대류권 강하물은 이것에 비해 국지적이나 더 큰 피폭을 일으킨 듯하다. 1953년 네바다의 핵실험에서 생긴 방사성 강하물은 미국 대륙을 횡단, 4,000km 떨어진 뉴욕주에 비교적 느슨한 미국 원자력 위원회 허용 농도로 계산해도 그 수천 배에 달하는 방사능을 가진 비를 내리게 했다. 비키니의 경우처럼 방사선 장애가 나올 양은 아니었지만, 거리를 생각했을 때 가깝다면 피해가 나올 가능성도 있었다. 초기의 실험에서 알지 못하고 피폭한 예는 많으리라고 여겨진다.

일본에서도 중국의 핵실험에 의한 대기 중 방사능 증가가 기록되고 있다.

원자로에 의한 피폭 사고

    핵병기 개발과 병행해서 전후 선진국이 힘을 쓴 것은 원자력 에너지의 개발이다. 원래 핵병기와 원자력은 아주 가까운 형제 관계에 있는 사이로 원리도 아주 작은 (그러나 중요한) 차이를 제외하고는 아주 가까운 것이다. 예를 들면, 막대한 에너지 방출에 따라서 막대한 양의 방사능을 생성하는 것과 같다.

    원자로에 핵폭발을 일으키는 것은 불가능하나 만약 어떤 원인으로 그중 방사능의 일부가 새어 나오면 큰일이다. 원자력 발전량은 일본에서도 이미 수년 전에 전수력발전량을 넘었고 엄연히 일본경제 지주의 하나로 되어 있다. 알고 있는 바와 같이, 원자력 발전이라고 하면 위험한 것으로서 무턱대고 싫어하고 있으나 사실은 아직 한 사람의 피폭 사망자도 나오지 않고 있다.

    한편 낮은 정도의 방사능 방출도 극단으로 엄격한 규제를 따라서 상한이 정해져 전혀 환경 악화에는 영향을 끼치지 않고 있다. 더욱이 유해한 연기를 내거나, 위험한 댐을 만들지 않는 것을 생각하면 오히려 환경에 중요한 기여를 하고 있는 것이다. 이처럼 놀라울 정도의 안전 기록은 일본뿐만이 아니라 세계적으로도 적용되고, 원자력 발전 반대 운동은 점점 근거를 잃어가고 있는 듯하다.

    그렇다고 해서 원자로에 의해서는 피폭 사고가 일어나지 않는다고 누구도 확언할 수는 없다. 그것은 첫째로, 아직 역사가 짧고 원리적으로는 초위험량의 방사능을 뽑아낼 수 있기 때문이다. 제아무리 현재의 항공기가 기상 상황에 대해 강하다 해도 가타기리(片桐) 기장과 같은 사람이 조종하고 있는지도 모른다. 또 하나는, 지금까지의 안전 기록은 안전을 위한 대단한 노력의 대가로 이루어진 것이고, 감정적으로 반대하는 사람의 의견은 듣기 어려운 것이 있으나 더 마음에 거슬리는 것은, 자신이 안전에 공헌하고 있지 않으면서 갑자기 태도를 바꾸어 근엄하게 안전을 보증한다고 하는 사람들의 말이다.

9
작은 사고, 일어날 뻔했던 대사고

1958년 유고슬라비아의 원자력연구소 연구용 원자로에서 피폭 사망 사고가 일어난 일이 있다. 이 원자로는 정말로 연소시켜서 발전시키고 다량의 중성자를 발생해서 연구나 사업에 쓰이는 것이 아니고, 원자로의 작동조건을 연구하기 위한 제로출력의 임계(臨界)실험로라고 하는 시설로 사실 중성자 증식은 일어나지 않으며 그 때문에 차폐도 없이 가까이서 몇 명의 연구자가 일을 하고 있었다.

그런데, 갑자기 이 원자로가 임계를 넘어 중성자 증식이 시작되어 다량의 방사선을 발생시키기 시작했다. 불운한 일로 경보장치가 작동하지 않아, 다량의 방사선으로 일어나는 공기 내 산소의 오존화 냄새에 정신이 든 때는 몇 명이 치사량에 가까운, 또는 그것을 넘는 방사선에 피폭된 후이다. 피폭자는 즉시 방사선증 연구가 진행되고 있던 파리 오르세 병원에 보내져 당시 연구된 최선의 조치가 행해졌으나 전형적인 방사선증의 경과 후 한 사람은 사망하고, 치사량에 피폭된 4명의 피폭자는 처음으로 골수이식이 성공해 살아남았다.

또 하나의 사망자를 낸 예는 1961년 미국에서 군기지용으로 만들어진 소형 발전·발열로가 폭주해서 3명의 사망자를 낸 예이다. 이것은 운전원이 자살하기 위해서 고의로 제어봉을 손으로 뽑아내었기 때문이라고 되어 있다. 물론 그곳에서 작업하고 있던 세 사람 모두 사망하였기에 진상은 알 수 없으나 이것은 오히려 피폭사라고 하기보다 제어봉을 갑자기 뽑아내었기 때문에 중성자가 많이 발생하여 폭발이 일어난 것으로 생각되어 원자로는 엉망진창으로 망가져 있었다고 한다. 내가 알고 있는 한 이 두 가지 경우만이 사망한 예이다.

그 외 방사성 물질이 방출된 예는 세계적으로 몇 번인가 있다. 역시 개발이 주로 이루어진 미국에서 원자로를 폐쇄할 정도의 사고가 몇 개 있었고, 또 대오염을 일으킨 것은 영국의 윈드스케일 흑연로(黑鉛爐) 사고가 있었으나 이것도 우유의 출하가 한 달 가량 정지될 정도로 사람에게 고도의 피폭은 일어나지 않았다. 이것은 영국형 특수 원자로로서 원리적인 결함이 있는 것으로 신기술 개발에 따르는 초기 사고이기에 되풀이될 수 없는 종류의 것이다.

세상을 떠들썩하게 한 스리마일섬의 원자력 발전소(제공: 공동통신사)

최근 세상을 떠들썩하게 한 것은 스리마일섬의 원자력 발전소 사고다. 이것은 대량의 방사성 가스가 방출되어 경우에 따라서는 정말로 대사고가 될 시점에 주민에게 피난 명령이 내려지는 등 대공황을 일으킨 사건이나 이것도 피폭 피해자는 없었다. 단, 그 후 상세한 사고 해석의 결과 단순한 자신파에 많은 교훈을 준 사고로 불행 중 다행이라고 생각된다. 결국, 위험은 기다리지 않고 조금 얼굴을 내민 편이 안전을 유지하는 데 좋다는 생각이다.

스리마일섬의 사고는 사회로서는, 마침 유고의 사고가 의학자로서는 귀중한 체험이었던 것과 같이 새로운 체험을 주었다. 경과에 관해서는 상세하게 논한 책이 많이 나와 있다.

우랄 참사

이상으로 서술한 것처럼, 인간 피폭의 역사는 히로시마·나가사키의 고의에 의한 조사(照射)를 제외하고는 그 가능성으로 보면 극히 적다고 볼 수 있다. 그러나 히로시마·나가사키에 버금가는 다른 경우와 엄청난 차이가 있는 대피폭이 소련의 우랄 지방에서 일어났던 것으로 추정되고 있다.

이것은 진상이 발표되어 있지 않으나, 영국에 망명 중인 메드베데프라는 사람이 여러 가지 정보로부터 추정한 바에 의하면, 사고는 플루토늄공장에서 분리한 핵폐기물 중 주로 스트론튬(Sr) 90을 함유한 축적물의 화학적 폭발로서 수백 명의 사망자를 내고, 수천 명이 강제 퇴거당했으며 남우랄 지방의 1,000㎢의 지역이 오염되었다고 한다.

이 사고는 1957년 혹은 58년에 일어난 것으로 추정되며, 소련이 미국의 핵 세력을 따라가기 급급해 있던 때 일어난 것으로, 방사성 물질의 허술한 저장이 원인이었다.

방사성 폐기물의 문제는 일반적으로 원자력 산업에 있어서 머리 아픈 문제이다. 우랄 참사는 원자로에 의한 직접적인 것이 아니라 폐기물 취급에 의한 것으로, 이것에 대한 안전 대책도 충분히 고려해야 한다. 폐기물은 특히 죽음의 재(방사성 낙진) 가운데서도 긴 반감기의 취급하기 어려운 것을 농축한 것이므로, 이것에 의한 오염은 상당히 심각한 것이다. 메드베데프에 의하면, 우랄에서는 그 후 여러 가지 연구가 행해져 대단히 광범위하게 생물환경에 중대한 영향을 끼친다는 것이 관찰되고 있는 듯하다.

긴 반감기의 방사능은 대단히 성가신 것이나, 사람에게 주는 피해는 조치 방법에 따라 많이 경감시킬 수 있다. 전에 서술한 원자로 사고, 핵 병기 사용이나 시험에 따르는 순간적인 것도 그 폭풍에 따르는 위해를 제외하면 피할 수 있다.

메드베데프의 말처럼 시기를 놓치고 행해진 강제 퇴거가 사망자를 늘린 최대의 원인이 아닐까 하는 생각이 든다. 우랄 참사의 경과는 알 수 없지만 대강의 경과는 재현해 볼 수 있다. 증인의 이야기에 의하면 많은 사람이 병원에서 죽었다는 것은 폭발의 힘보다는 알지 못하는 사이에 몸이 회복되지 않고 죽어가는 상태를 의미하는 듯하다. 그 후 두 사람이 방사능증 치료법으로 레닌상을 받았다는 사실도 많은 피폭자가 오랫동안 있지 않았나 하는 상상을 하게 한다.

제3장

방사선 피폭의 위험한 성질

원폭 투하 3일 후의 나가사키 폭심지 주변

방사선을 느끼지 못하는 인체

이상과 같은 불행한 대참사, 작은 사고의 경험을 통해, 또 이것에 평행한 많은 방사선 의학의 연구, 주로 X선의 여러 가지 생리작용의 연구와 현재에 와서 중요 분야가 된 방사선 생물학의 연구 결과에 의해 현상론적으로 방사선이 생체에 미치는 영향, 기본적인 손상 기구 등을 알게 되었다. 물론, 이러한 결과는 신중하게, 가능한 한 빨리 우리들을 방사선 위험에서 지킬 대책을 구체화하는 데 응용되고 있다. 그러나 결과는 제1장에 논한 사실, 즉, 우리들 생물이 그 발생 단계부터 방사능을 알지 못한 것은, 우리들의 진화가 거의 0에 가까운 극히 약한 방사능 환경 속에서 행해져 온 것을 반영한 것으로 실제 방사능에 약한 것이다. 즉, 우리들의 몸은 방사능에 대한 방어 체제를 하나도 갖고 있지 않다.

우선 우리는 방사능을 느끼지 못한다. 다른 위험인 고열, 고속, 물결, 부취(腐臭), 이취(異臭) 등은 느끼지만 방사능은 지금 눈앞에 몇천 퀴리(curie)의 방사성 물질이 있어 치사량 피폭을 받더라도 아무것도 느낄 수 없는 것이다. 또 세균 등에 대해서는 면역처럼 자동으로 몸이 반응해서 자신을 지킬 수 있지만 방사능에 대해서는 그렇지 못하다. 이 장의 마지막에서 논하겠지만, 방사능에 의한 돌연변이는 전체적으로 자신에게 불리한 것(마라의 법칙 중 하나)이다.

그러나 우리들이 방사능 위협에 대해서 거의 손을 들 수밖에 없지만은 않다. 우리들의 생명이 있는 한 그렇게 있을 수만은 없는 것이다. 그러나 전선(戰線)을 보면, 방사능의 위협은 단순한 것이 아니므로 우리들은 뒤로 후퇴해서 상당히 본질적인 부분에서 대책을 완비해 가야 한다.

우선 제1은 적의 본질을 철저히 알 것, 이것은 나중에 논하는 것처럼 어느 전문가가 방사능의 어느 면에 대해 깊게 아는 것 외에 일반인들이 그것에 관해 바른 지식을 갖는 것이 필요하다. 그리고 이 위협을 고려에 넣은 그냥 표면적이 아닌 정치와 시책(施策)이 행해져야 한다. 그렇게 하려면 몇 가지의 내친 길을 단절해야 하는 어려운 문제가 있다. 그러한 것이 안 된다면 멸망뿐이다.

여기서는 우선, 이 위험의 본성을 현재까지 알려진 한계까지 소개해 보도록 하겠다.

2

손상의 기구

X선과 γ선이 생물체에 닿으면 그 방사선 강도에 비례한 밀도로 고속전자가 발생한다. 이 고속전자는 생물체 내를 mm에서 겨우 1cm 정도 달리고 그 비적(飛跡)에 따라 전자와 이온을 만들기도 하고 분자를 깨기도 한다.

손상된 분자 등은 대개 재결합해서 원상으로 돌아가지만 때로는 세

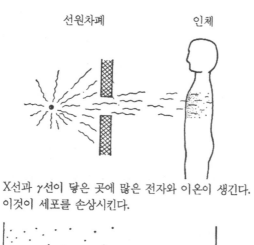

X선과 γ선이 닿은 곳에 많은 전자와 이온이 생긴다.
이것이 세포를 손상시킨다.

(a) X선과 γ선에 의한 이온과
　　전자의 생기는 모양

(b) 중성자선에 의한 이온과
　　전자의 생기는 모양

(a)보다 (b)가 더욱 위험하다.

그림 3-1 | 방사선에 의한 인체 손상 기구

포 내의 생명을 지키는 중요 부분 근처에 그것을 파괴하는 독소를 발생
시킨다. 생명체의 대부분은 물이기 때문에 물의 방사선 조사에서 생기
는 극히 수명이 짧은 H와 OH 등의 자유기(free radical)가 그 독소의 대
부분이라고 생각된다.

직접 일차적, 이차적으로 생성되는 전자에 의해 또 이렇게 해서 생긴 독소에 의해 해를 입는 것은 단백질이나 핵산과 같은 생물체를 만드는 중요한 구성 요소이지만, 그중에서도 특히 세포 내에서 세포분열에 관계하며 유전정보를 담당하는, DNA라고 하는 이중나선 구조의 거대 분자이다.

이 이중나선은 한쪽이 손상되더라도 주위의 영양을 섭취해서 회복하는 능력을 갖고 있지만, 양쪽이 동시에 손상을 받으면 회복시킬 수 없다.

그 때문에 일단 약해진 방사선에 의한 전자 발생보다도 국소적으로 고밀도를 갖는 전자 발생이 더욱 유해한 것으로 되어 있다. 이 때문에 전체 전자 발생량을 같이한 경우라도 국소적 고밀도의 전자운을 만드는 중성자와 α선이 γ선과 X선보다도 10배 내지 그 이상 위험하다.

이 정도를 나타내는 양을 RBE라 한다(표 3-1). 피폭의 세기를 나타내는 양으로 렘(rem)이라는 단위가 잘 쓰이고 있지만 이것은 어느 정도 에너지가 인체의 g당 얼마나 흡수되는가를 나타내는 양—래드(rad; 1rad는 1g의 물질에 100erg의 에너지를 주는 방사선량)—에 RBE를 곱한 값이다.

방사선의 종류	RBE
X선, γ선, 전자	1
중성자, 양자	10
α입자, 중입자	20

표 3-1 | RBE(relative biological effectiveness)의 값

방사선 피폭에 의해 순간적인 독소가 생기고 이것이 생체분자를 어떻게 손상시키고 그 영향이 어떻게 눈에 보이고 느낄 수 있는 병후(病後)로서 나타날까의 구체적인 내용을 아직까지 상세하게 알고 있지 않다. 여하튼 DNA 파괴를 위해 세포 분열능력 저하는 하나의 기본적인 점에서 나중에 논하는 것처럼, 몇 가지의 방사능증의 경과가 그 결과로써 설명되고 있다.

그 외 효소의 비활성화는 하나의 특징이지만 단백질은 그 정도로 예민하게 반응하지 않는다.

3
치사량은 무엇인가?

개체가 어느 강도 이상 전신에 방사선을 맞으면 죽을 확률이 생기게 된다. 보통 치사량이라는 것은 1회에 맞은 방사선의 영향 때문에 30일 후에 죽을 확률이 50%가 되는 선량을 말하는 것으로 〈표 3-2〉에서 여러 가지 동물의 치사량을 나타냈다.

일반적으로 하등동물이 치사량이 높지만, 오더(order)가 틀릴 정도로 높은 아메바 같은 것도 있으니 전면 핵전쟁에서 인류가 멸망한 후에도 하등동물은 살아남는 것이 있으리라 여겨진다. 즉 핵폭발에 의해 만들어진 방사능은 깊은 바다에 강한 영향을 주지 못하고 또 핵폭발 시기선과 중성자선은 그곳까지 가지 않기 때문에 심해동물은 인류가 지금 말하고 있는 오버킬(Over Kill : 인류를 모두 죽임)과 같은 대자살을 하더라도 살아남을 것으로 생각된다. 진화는 여기에서 다시 해나가는 것으로 강해진 저순위 방사능 때문에 지금보다도 빠르게 되어 갈지도 모른다.

방사선 조사를 받은 개체의 죽음은 그 생명을 유지하는 데 필요한 기관의 어딘가가 기능하지 못하게 되므로, 사인(死因)이 되는 기관을 결정기관(決定器官)이라 부른다. 결정기관은 그것이 어느 정도 방사선에 당하기 쉬운가를 말하는 것으로, 소위 방사선 감수성으로 일컬으며 기관에 따라 많은 차이가 있다.

동물	선량(rem)
모르모트	~600
개	350
원숭이	~600
쥐	~600
닭	600~800
사람	600~700
금붕어	670
도마뱀	3,000
거북이	1,500
달팽이	8,000~20,000
아메바	100,000

표 3-2 | 여러 가지 동물의 치사량 $CD_{50}/_{30}$(30일 후 50%가 죽을 선량)

또, 결정기관은 방사선의 세기에 따라 달라진다. 예를 들어 가속기, 특히 빔(beam) 병기로 생각되는 강력한 가속기를 써서 발생되는 치사량의 몇만 배의 방사선에 맞으면 생물은 즉사한다.

쥐를 사용한 실험에서는 치사량의 100배 정도 넘는 조사로써 2일 이내 단시간에 전멸하고 이것은 뇌 중추가 당하는 것으로 여겨진다. 치사량의 수배에서 수십 배 정도에서 쥐는 3일에서 일주일 정도, 사람은 10일에서 14일 정도에 사망한다. 이것은 장 출혈에 의한 것으로 장사(腸死)라고 불려진다. 히로시마나가사키에서 1~2주간에 장 출혈로 사망한 사람이 많았던 것은 이 정도의 피폭에 의한 것으로 여겨진다.

치사량의 근방인 수백 rad에서 천 rad 정도의 피폭에서는 골수의 조혈 기능이 파괴되기 때문에 적혈구, 백혈구의 감소에 의한 골수사가 일어난다. 히로시마나가사키에서 1개월 후에 사망자가 많았던 것도 이 때문이다.

4

제기관의 감수성

장, 골수가 조사에 약한 것은 방사선의 세포분열 억제 작용에 의한 것으로 여겨진다. 방사선을 조사하면, 세포분열이 일어나기 어려워지는 것은 여러 가지 생리학 실험에 의해서 잘 알려져 있다. 체내에도 항상 빠른 세포분열이 일어나고 있는 곳이 있다. 특히, 소장의 내면 상피조직은 항상 새로운 세포로 싸여져 있고 오래된 세포는 점차 새 세포로 바뀐다. 이렇게 새 새포가 표면에서 만들어지지 않게 되면, 자연히 상피세포가 없어져 버리니 장 내면이 벗겨져 출혈이 생기게 된다. 따라서, 장 상피조직의 수명이 대개 장사(腸死)가 일어나는 시간이 된다.

냉혈동물, 예를 들어 금붕어 등에서는 이 장 상피세포의 수명이 온도에 강하게 의존하고 이 때문에 조사 후에 생존시간은 온도를 내려서 길게 할 수 있다.

골수의 조혈 기능 저하가 세포분열의 약화에 의한 것은 더욱 자명한 것이다.

이것에 비해 기관에 따라 상당히 감수성이 약한 것도 있다. 예를 들어 신장은 치사량의 50배인 20,000rad 정도에서 처음으로 기능에 영향이 온다.

뇌도 비교적 방사선 감수성이 강하고 그 때문에 뇌종양의 치료에는 대량의 X선 조사를 행할 수 있다.

피부는 세포분열이 빠르고 표면에 있기 때문에 X선과 γ선, 특히 그 중에서 투과력이 약한 연 X선과 저에너지의 γ선 및 β선, α선 등의 영향을 받기 쉽다. 약한 조사로는 홍반, 수포 등이 발병하고, 더 나아가 궤양, 암화를 일으킨다. 500rad 정도에서 탈모가 일어난다. 그러나 특별한 경우, 예를 들어 전신에 β 방사능을 강하게 받은 때 외에는 결정기관이 되는 것은 없다.

방사선의 생물체에 대한 영향은 우선 세포분열 기능에 고장을 일으키는 것부터 쉽게 이해할 수 있다. 생식선은 특히 조사의 영향을 받기 쉬운 것으로 알려져 있다. 따라서 피폭은 불임을 일으키는 것으로 일찍이 알려져 있지만, 그것보다도 훨씬 적은 방사선량에 의해 이미 염색체 이상이 나타나 유전에 영향을 준다. 즉 태아의 방사선 감수성은 특히 높고 유산과 후유증의 영향이 알려져 있어 임신 2개월경이 피폭에 특히 위험한 것으로 여겨진다.

눈은 방사선 장애가 일어나기 쉬운 곳으로 X선과 중성자선의 비교적 적은 조사에서 수정체의 백탁이 일어나고, 백내장이 일어난다. 이것은 세포분열 억제라기보다 오히려 별도의 영향으로 수정체가 재생하지 않으므로 영향이 축적되어 일어나는 것이다.

세포분열 컨트롤이 되지 않는 조직, 암은 일반적으로 방사선 감수성이 강하다. 암세포만 잘 조사하면, 그 세포증식을 멈추게 하고 재생하기 어렵게 할 수 있기 때문에 방사선 조사는 넓게 그 치료에 쓰이고 있다.

여러 가지 피폭 방법

방사선 장애를 일으키는 피폭의 방법에도 여러 가지 형이 있다. 크게 나누어서 원자 폭탄의 폭발에 따른 γ선과 중성자선에 맞기도 하고 또, X선 조사와 방사능이 존재하는 환경 중에서 받는 외부피폭과 방사능을 갖는 기체나 먼지를 흡입하기도 하고, 오염된 음식물을 섭취하기도 하고, 방사성 물질을 주사하기도 해서 일어나는 내부피폭도 있다.

내부피폭은 체내에 섭취되는 방사성 핵종의 종류에 따라 상당히 다르다. 탄소, 수소, 산소 등 보통 인체의 구성 요소는 체내에 퍼지지만 스트론튬(Sr), 라듐(Ra)과 같은 화학적으로 칼슘과 닮은 것은 뼈에 모이고 요오드(아이오딘)의 경우는 갑상선에 모이는 것으로 잘 알려져 있다. 또 원소에 대해서는 배설이 빠른 것도 있으나 스트론튬, 라듐과 같이 뼈에 붙는 것은 일반적으로 제거하기 어렵다.

그 외 반감기가 짧은 것은 전체로서 조사량이 적게 되고, 긴 것은 언제까지라도 조사를 계속하게 되는 것이다. 그러니까 같은 세기의 방사성 물질이라도 라듐, 스트론튬같이 반감기도 길고, 붙어서 제거하기 어려운 원소는 특히 위험한 방사능이다.

문제의 방사성 원소에 의한 방사선에 따라서도 피폭의 위험이 다른데, 특히 RBE의 높은 α선이나, 또 β선도 그 에너지를 발생원의 주위에 수 ㎜ 사방으로 주기 때문에 위험한 편이다. 그것에 비해서 γ선만 나오는 방사성 물질은 선원의 근처에만 에너지를 주지 않기 때문에 피폭량이 적게 된다.

최근 핵의학에서 급속히 사용하기 시작한 신테 카메라에 의한 진단에는 이러한 γ선 또는 γ선을 β선에 비해서 많이 내는 핵종, 예를 들어 $^{99}Tc^m$(반감기-6시간)이 잘 쓰이고 있다.

당연한 것으로 같은 양의 방사능이라면 내부피폭이 훨씬 위험하다. 내부피폭에서 위험한 양의 방사능이라도 체외에 있으면 일반적으로 그것이 어느 정도 몸에 가깝게 닿아도 문제는 안된다. 방사능을 취급하는 직장에서 일하기도 하고, 오염된 지대에 있을 때는 방사능을 체내에 넣지 않도록 주의하는 것이 무엇보다 중요하다.

6

급성 장애의 경과

대량의 방사선을 단시간에 전신에 맞으면 급성 방사선 장애가 일어난다. 인간의 경우, 어떤 결과를 낳는지는 히로시마・나가사키의 아픈 경험과 작은 사고지만 일어난 적이 있는 원자로 사고(특히 연구된 것은 유고슬라비아에서의 사고), 초기에 X선의 취급이 잘 알려져 있지 않을 때 일어났던 사고 등의 기록에서 알 수 있다.

피폭 후 최초에 나타나는 병상은 토할 기분, 구토, 불안감이 있는 두통 등 중추신경계에 기인하는 병상으로, 구토가 시작하는 빠르기 (1~2시간 정도)와 그것의 유지 시간(1일에서 2일 정도)은 선량에 비례한다. 100rem 정도의 피폭에서는 이 병상은 확실히 나타나지 않는 것이 많고 150rem 정도부터 확실해진다. 여하튼 구토가 일어나면 생명에 위험이 있는 대선량을 받았다고 생각해야 한다.

즉, 2~3개월 후에 설사가 일어나면 치사량의 피폭 가능성이 충분하다. 그 경우에는 수일 후 설사, 발열, 장 출혈이 일어나고 쇠약사한다. 이것을 지나면 2주간 정도의 잠복기가 있고 그 후 탈모, 출혈하기 쉬운 경향, 또 세포감염이 쉽게 되고 그냥 악화하든지 점점 회복되든지 한다. 대개 8주간 정도 지나면 급성장해사는 일단 면했다고 생각해도 좋다.

이 제2의 잠복기 이후의 병상은 조혈기관(골수)의 장해에 의한 것으로 혈구수의 변화로 확실한 변화를 진단할 수 있다.

즉, 이러한 병상은 200rem 정도의 조사에서 보이는 경우가 있지만 이 정도면 많은 주의를 하면 회복된다.

대량 1시간의 피폭 처치법으로써 유일하게 성공하고 있는 예로 앞에 논한 유고의 사고 경우에 적용된 골수이식으로 환자의 혈액 성질과 가능한 가까운 사람의 골수를 이식해서 거의 거부반응도 없이 즉시 혈액뿐 아니라 다른 병상의 개선에도 많은 도움이 된 것이 인정되고 있다.

그 외에는 일반적으로 대병요법(對病療法)만 고려되지만, 건강한 젊은 사람이면 500rem 정도까지의 피폭에는 주의 깊은 임상 대병 처리만으로 혼자서 회복되는 것이 기대된다. 임상 조치로서는 절대 안정과 진정에 의해 에너지 소비를 최저로 하는 것이 제일이다.

7

만발 효과

100rem 정도 이하의 피폭이면 백혈구수의 변화 등의 영향이 있어도 확실한 피폭 병상은 나타나지 않는다. 이러한 피폭 후와 또 훨씬 적지만 몇회씩 반복해서 소량 피폭의 영향으로 인한 장해가 몇 개인가 알려져 있고 이것을 만발효과(晚發效果)라 한다. 그중 치명적으로 될 가능성이 있는 것으로는 백혈병과 발암이 있고, 히로시마나가사키에서는 확실히 그 양쪽의 증가가 인정되고 있다.

암은 앞에서 논한 것처럼 초기에 X선을 사용한 의사, 기사 사이에 많이 발생된 것이 기록되어 있고 또 요사이는 하지 않지만, 여러 가지 병(암은 아니고)을 X선으로 치료하기 위해 조사가 행해져, 이러한 치료를 한 사람들 사이에 암 발생의 비율이 높게 된다는 것도 알려져 있다. 추정에 의하면 1rem에 있어서 10만 명당 1명의 암에 의한 사망이 증가한다고 한다.

일반적으로 방사선에 맞는 것에 의해 어느 정도 사망확률이 증가할까 하는 것은 쥐를 쓴 동물실험에서 연구되어 있다. 그것에 의하면 X선을 쓴 실험에서는 100주의 수명을 가진 쥐의 집단으로 100rem 증가시킬 때마다 5~6주씩의 비율로 수명을 짧게 하고 있다고 알려져 있다.

백혈병의 증가, 발암 증가, 수명 단축에서 특징적인 것은 그것의 비율이 선량에 비례하고 있는 것으로 '이것 이상이면 영향이 없다'라는 문턱값(Threshold Value)이 없는 것이다. 이것은 급성장해사(急性障礙死)의 경우와 같이 약 700rem이라는 치사량, 즉 사망이 일어나는 문턱값이 있는 것과 대조적으로 다음 절에 자세히 논할 유전의 경우와 상당히 비슷하다.

만발 효과는 급성 장해가 세포의 사망에 비해 물론 유전의 경우와 같이 세포의 고장에 의한 것으로 상당히 치료하기 어렵다. 어느 쪽이라도 맞고 나서 피해를 복구하는 것은 상당히 어려운 것으로 알려져 있다. 같은 양의 조사에 대해서 장해를 경감하는 예방법은 몇 개인가 연구되고 있다. 그중, 방사선 방호 물질이라는 것은 조사 직전에 주사해서 방사선에 대한 저항을 주는 것으로 알려져 있다. 하나는 SH기를 갖는 화합물의 계통이고, 또 하나는 산소의 양을 감소시키는 것이 유효하다는 것으로 알려져 있다.

또, 원자로 사고에서 일어난 적이 있던 방사성 요오드 방출의 경우 요오드가 특히 갑상선에 모이기 때문에 그 과잉(내부) 조사의 염려가 있지만 이것은 갑상선을 이미 요오드로 포화해 두는 것에 의해 대폭으로 방해하기 때문에 어떤 때는 원자로 근처의 주민 때문에 요오드를 포함한 정제를 준비해 둔다. 이러한 특정 기관을 포화시키는 기술은 동위원소의 의료 이용에 관계해서 여러 가지 연구가 진행되고 있다.

8

유전에 대한 영향

생식세포의 고장이 직접 유전에 장해를 주는 것은 이미 자명한 사실이다. 1922년에 마라는 하늘소에게 여러 가지 세기의 X선을 조사해서 그 후 방사선 유전학에 기초가 되는 중요한 발견을 했다. '마라의 법칙'이라는 것은 몇 개인가 있지만 그중에서 가장 중요한 것은 돌연변이가 일어나는 비율은 직접 선량에 비례한다는 실험 결과로 이 비례성은 천연의 돌연변이율에 150배까지도 바르게 성립되고 있는 것으로 나타나 있다.

여기서 특히, 사람들을 놀라게 한 사실은 강한 것보다 약한 것으로, 아무리 약한 방사선이라도 적지만 그 선량에 비례하는 돌연변이의 증가가 있다고 하는 사실, 다른 말로 하면 유전 장애 발생에 문턱값이 없다는 것이다. 그 후에 알게 된 암 발생률과 백혈병 발생률과 선량 비례 관계가 상당히 비슷하다는 것이다.

특히, 마라는 이외에 방사선에 의해 일어나는 돌연변이 성질에는 천연의 그것과 거의 같은 것, 원상 복구되지 않는 것, 퇴행성으로 거의

100%가 개체의 생명력을 약하게 하는 것 등이 있음을 확인하고 있다.

그 후 원자 폭탄과 원자력 이용 등의 문제, 특히 환경 방사능에 인간이 어느 정도 견딜 수 있을까 하는 문제는 현대 사회의 최대 문제로 나타났기 때문에 더욱 거대한 실험이 행해지고 있는데, 예를 들어 영국에서는 쥐 100만 마리를 써서 유전 대연구가 행해져 왔다. 그중에서도 이러한 고등동물에도 역시 문턱값이 없고 선량과 돌연변이가 직접 비례하는지 아닌지는 중요한 문제이지만, 실험은 확실히 '마라의 법칙'을 지지했다. 이 실험에서는, 특히 같은 선량을 급히 단시간에 준 것과 장시간에 나누어 준 경우 확실히 단시간, 고선량이 위험성이 많은 것으로 나타났다. 이렇게 유전에 관한 실험은 상당히 거대한 실험인 것이다.

히로시마나가사키에 유전 장애가 나오지 않을까 어떨까의 문제는 모두가 염려한 것이었다. 지금까지는 아직 확실한 영향이 귀결되고 있지 않다고 말해지고 있지만 유전에 관한 바르고, 충분한 통계 데이터를 얻는 것은 극히 어렵고 유전은 다음 세대에 나오는 것이니까 아직 영향이 없다고 하는 결론은 도저히 내릴 수 없다.

'마라의 법칙'에 확실히 나타난 돌연변이의 비율과 선량의 비례성은 1개의 DNA가 손상하더라도 유한의 확률로 유전 장애가 일어나는 것을 의미한다. 이미, 유전학은 수학적으로 잘 확립되어 있기 때문에 여러 가지 귀결이 가능하다. 유전이라는 것은 하나의 개체가 아니고 생물 집단에 관한 것이니까 집단에 대한 조사의 영향이라는 개념이 나온다.

예를 들어 어느 집단 중에서 100명이 10rem의 피폭을 받거나 1만 명이 0.1rem씩 피폭을 받더라도 그 집단의 자손에 대한 영향은 같다. 이러한 생각에서 보면, 인간의 자연 방사능 중에서 유전, 진화, 도태 등 환경에 의한 영향을 받지 않기 위해서는 자연의 집단 피폭량이 많지 않도록 하는 것이 요구된다.

9

위험은 어디에 숨어 있는가?

방사선은 생물체에 조사되어 그 생명과 종(種) 유지 기구의 본질에 작용하기 때문에 현재에는 방사선에 맞아버린 것을 고치는 것은 지금 논할 것처럼 상당히 어렵다. 그래서 방사선에서 우리를 보호할 유일한 방법은 '맞지 않도록 할 것' 밖에 없다.

어떠한 원인으로 인간이 피폭될 수 있을지는 여러 가지 고찰도 중요하지만 우선 피폭의 역사가 잘 가르쳐 주고 있다. 어떠한 사고보다도 오더가 틀릴 정도의 대규모로 비참한 피폭을 주는 것은 핵전쟁이다. 원자로 사고나 우랄 사고와 같은 대형 시설의 사고는 어떻게 하더라도 핵전쟁에 미칠 정도의 피폭을 주지는 않는다. 그러나 이 정도의 사고에도 조치의 방법이 나쁘면 스리마일섬의 경우처럼 사람의 피해를 동반한 대사고로 발전한 가능성이 제로만이라고는 할 수 없다.

원자력 발전은 지금까지 이러한 중형 사고를 일으킨 적이 없는 것을 자랑으로 하고 있지만 스리마일섬의 사고는 상당히 그 가까이까진 갔다고 생각된다. 적어도 보통형의 원자로에서는 그 설계의 물질상 핵전쟁에 가까울 정도의 오염을 일으킬 가능성은 없다. 그러나 역시 중형 사고를 일으킬 가능성은 제로가 아니라고 생각된다. 위험은 역시 잠재하고 있는 것이다.

환경 방사능의 증가도 주의해야 한다. 발달된 설계 기술로 예방이 가능하고, 측정도 상당히 예민하게 되었기 때문에 오히려 주의하기 쉽다. 즉, 상당히 깊게 조용히 숨어 있는 위험들을 현재의 측정기술의 급속한 발달 때문에 금방 발견해 대처할 수 있기 때문이다. 우리들이 중형 사고에 대해서 전혀 손을 쓸 수 없는 것은 아니다.

10

방사능 사고 유일의 방어법

지금 급한 어떠한 사고로 치사량의 피폭을 줄 수 있는 방사능의 구름, 비 또는 강회(降灰)가 나타났다고 하자. 누구도 그것을 알아차리지 못하면 일어날 수 있는 것은 수일 후 피폭자의 급성 장애사로 시작하는 비극이다. 만약 그 지방에 몇 개의 방사능 계측기가 있으면 위험경보를 낼 수가 있고 피난 명령을 내 피폭은 상당히 경감될 것이다.

도망가는 것이 최선이다. 그렇지만 어디로 도망가야 하는가가 문제이다.

극단의 경우로써 상당수의 신용 가능한 계측기가 예를 들어 10명에 한 개 정도 있다고 하면 금방 그 방사능 구름의 농도를 측정할 수 있다. 또 집안의 어느 곳이, 어떤 다리 아래가 방사능이 적을지 금방 알 수 있다. 더욱 오염이 광범위로 장시간 계속되면 더더욱 주의해야 할 것은 내부피폭의 예방이지만 그래도 충분한 계측기가 있으면 각자가 어느 물이 아직 마실 수 있을까, 어느 식료가 아직 먹을 수 있을까를 정할 수 있다.

이렇게 해서 나의 생각은, 충분한 수의 계측기와 더욱 그것을 잘 쓸 수 있는 사람이 있으면 방사능 사고는 대폭 막을 수 있다는 것이다. 따라서 맞기 전에 도망하는 것이 좋기 때문에 어디로 도망치면 좋을지는 계측기가 있어야 알 수 있다.

원자폭탄과 같은 핵연쇄반응에 의한 중성자선, γ선에 의한 피폭은 핵병기 사용 이외에 유고의 사고와 같은 특수한 연구자에 대해서만 일어나고 있다. 일반 사람들에게 대피폭의 가능성이 있는 것은 원자로에서 생긴 방사능뿐이다(더더욱 핵전쟁이 일어나면 별도이지만, 그러나 강하물 등에 의한 피폭은 역시 방사능에 의한 것이다). 이러한 방사능에 의한 피폭은 상당히 잘 차폐될 수 있기 때문에 차폐에 의해 생명을 지킬 수 있는 경우는 많이 있겠지만 이것도 계측기가 없으면 그 차폐가 어느 정도 유효한가를 조사할 수 없다.

작은 사고도 잘 해석해 보면, 대부분은 자신도 모르게 맞은 것이다. 라듐 중독의 경우와 또 납 용기에서 나온 고방사능을 잡았다는 이야기도 간단한 계측기가 있으면 본질적으로 막을 수 있다는 것이다. 우리들이 항상 상당량의 방사능을 쓰는 연구실에서 거의 피폭 사고가 일어나지 않는 것은 항상 측정을 하면서 일을 하고 있기 때문이다.

방사능, 방사선 위험의 특징은 이 장에서 논한 것과 같이 인체에는 상당히 악질의 장해를 주는 것이지만, 충분한 수의 계측기가 있으면 그 위험은 대폭 경감시킬 수 있다.

[제3장 앞에 게재한 사진 촬영은 미군, 제공은 (어린이에게 세계를! 피폭 기록을 보내는 회)에 의한 것이다.]

제4장

방사선의 측정과 차폐

일본에도 판매되고 있는 방염대피호(제공·우에무라(植村) 기연공업주식회사)

여러 가지 측정법

방사선 검출 측정법에는 실로 여러 가지 방법이 있다. 역사적으로 제일 처음 방사능이 발견된 것은 사진 건판에 의한 것으로 제1장에 논한 것과 같다. 즉 지금이라도 사진 필름은 방사선 피폭의 정량에 잘 쓰인다.

그러나 지금 눈앞에 있는 것이 얼마나 방사선이 나오고 있을지 측정하는 것은 사진 필름으로는 안 된다.

방사되는 방사선을 직접 현재 값으로 측정하는 계측기는 여러 가지 있지만 그중에서도 제일 유명한 것은 러더퍼드의 독일 제자인 가이거(Geiger)가 발명한 가이거 계수관, 또는 가이거-뮐러 계수관이라고 불리는 방전관이다.

일반적으로 사용되고 있는 디자인은 〈그림 4-1〉과 같이 반종형(半鍾型)의 유리관 한편을 β선이 충분히 투과할 정도의 박막으로 막고, 그안에 동축(同軸)의 서로 절연된 원통상의 금속 음극과 선(wire)의 양극이 봉입되어 있고 내부에 약 80분에 1기압 정도의 아르곤(Ar) 가스와 10분에 1기압의 에틸알코올 가스를 채운 것이다.

이 전극 간에 1,000볼트 정도의 전압을 걸어두면 β 입자의 돌입(突入)과 γ선이 들어와서 그 안에서 전자를 발생시키게 되는데, 일단 가스 내에 전자가 발생하면 방전에 의한 전극 간의 절연 파괴, 즉 전류의 펄

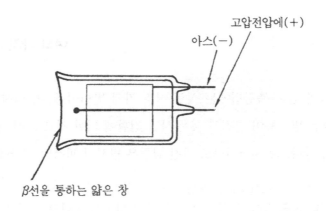

고압전압에(+)

아스(−)

β선을 통하는 얇은 창

그림 4-1 | 가이거 계수관의 구조

스(pulse)가 생긴다. 이것을 간단한 전기회로에서 라운드 스피커(round speaker)로 유도하면 방사선이 맞을 때마다 퐁퐁 소리를 내기도 하고 계수의 비율을 계측기로 읽을 수 있게 된다.

가이거 계수관을 쓴 방사선 검출 측정기는 소형으로, 간단하고 값이 싸며 취급하기 쉬운 특징을 가지고 있다.

그 외 최근에는 방사선이 특수 형광물질에 닿았을 때 생기는 극히 순간적인 형광을 측정하는 섬광 계수기(scintillation counter), 또 방사선이 반도체에 닿았을 때 순간적으로 생기는 전류를 측정하는 반도체 검출기 등이 연구용, 의료용으로 사용되기 시작했다. 하나하나의 방사선이 내는 형광의 양과 전류량을 측정해서 광학에서 행하는 분광분석과 같은 것이 가능하기 때문에 γ선 분광기로 사용할 수 있다.

이러한 분광기는 기술적인 면의 어려움으로 수년 전까지는 고급용이었지만 사용 방법에 따라서는 상당히 유효하기 때문에 기술의 급속한 진보와 더불어 점점 확산될 것으로 생각된다.

2

피폭 염려가 있는 직장에서의 조절

연구소, 원자로가 있는 곳, 병원 등 방사성 원소를 사용하기도 하고 가속기, X선 장치 등을 사용해서 피폭의 염려가 있는 직장에서는 항상 피폭의 조정을 해야 한다. 이것은 다음 장에 논하는 것 같은 법률이 필요할 뿐 아니라 자기 자신을 지키기 위해서도 필요하다.

장기간의 피폭 조정에는 필름-배지(film badge)와 적은 의료용의 뢴트겐 필름과 같은 것을 쓴다. 직장에 있는 동안 휴대하며 2~3주일마다 현상해 보고 그 사이에 피폭 여부를 확인한다.

현상과 피폭선량의 평가는 전문업자에 의해 행하는 것이 보통 기본적인 검사지만 언제, 어떻게 피폭되었는지 잘 모르고 내부 조사에는 감도가 제로에 가까우므로 극히 대략적인 검사로 생각된다.

장기적인 피폭을 더욱 확실히 알기 위해 정기검진으로 혈액검사가 중요한 자료가 된다.

그 외 어느 시간 사이의 피폭을 측정하기 위해서는 소위 포켓 선량계(pocket dosimeter)라는 것이 쓰이고 있다. 이것은 펜과 같은 형상으로 밝은 방향을 향해서 들여다 보면 그 안에 지침(指針)이 보인다. 피폭의 염려가 있는 일을 하기 전에 또 피폭될 염려가 있는 구역에 출입 전에 그 지침을 읽고, 후에 그 바늘이 얼마나 변화했는가 보고 그 사이의 피폭을 측정하는 것으로 관리 구역 내에 일시적으로 출입할 때 사용한다. 이것은 일단 그 사이에 얼마나 방사선을 맞았을까를 직접 읽기 때문에 대단히 편리하다. 물론 이것은 그 바늘 위치가 방사선을 측정하고 있고, X선과 γ선을 측정하고 있기 때문에 역시 극히 대략적인 것을 측정하는데 그친다고 생각해야 한다.

이렇게 생각하면, 방사선이 나올 가능성이 있는 곳에서 일할 때 가장 신뢰할 수 있는 것은 직접 방사선을 측정할 수 있는 고감도의 휴대용 방사선 검출기이다. 방사선원의 정보를 빨리 확인할 수 있는 것이 안전의 제일 조건이 된다.

3
휴대용 측정기

통상, 휴대용 방사선 측정기(survey meter)로 불려지고 있는 고감도의 휴대용 방사선 검출기에는 이온화 전류를 직접 고감도 전류계로 측정하는 전리함식의 것과 가이거 계수관의 방전수를 측정하는 것으로 되어 있다. 어느 쪽이라도 1kg 정도의 크기로 간단하게 들고 다닐 수 있고 소켓에서 전원을 취할 수 있고 전지로도 사용할 수 있는 것이 보통이다.

가이거 계수관을 쓰는 것은 보통 그 단위 시간당 계숫값을 읽는 것 외에 퐁, 퐁, 또는 가- 가- 하는 소리로 방사선의 세기를 알 수 있도록 되어 있다.

특수한 경우를 제외하고 우리가 측정해야 하는 방사선은 X선, γ선 이 대부분으로, 더하여 가끔 β선을 측정하고 싶을 때가 생긴다. 보통 휴대용 방사선 측정기는 이 목적을 위해서는 충분하지만 특히 에너지 가 낮은 β선을 내는 삼중수소와 탄소 14 등은 측정할 수 없다. 이것을 측정하기 위해서는 별도의 방법이 필요하다. 또 α선, 중성자선 등에도 별도의 방법이 아니면 측정할 수 없지만 이러한 것을 측정하는 것은 특 수한 경우 외에는 거의 없다.

휴대용 방사선 측정기에 의해서는 β선만을 차폐하는 창을 붙여서 β 선과 γ선을 구별해서 측정할 수 있는 것도 있다. 휴대용 방사선 측정기 는 싸고 간단하기 때문에 단순히 부정확한 기기로 여겨지지만, 쓰는 법에 따라서는 생각보다 많은 정보를 제공해준다. 가이거 계수관은 특히 감 도가 높기 때문에, 허용량보다 훨씬 적은 레벨로 자신의 주위에 방사선 세기 등을 지도로 만들 수 있고, 또 필요하면 그 방사능의 종류를 흡수 체의 여러 가지 변화를 측정함으로써 알아낼 수도 있다.

물론 적은 것에 대한 세심한 주의가 필요하다. 예를 들어 가이거 계 수관은 1초당 1,000 이상의 방전을 시키면 부정확하게 수를 세기도 하 고, 계수관의 수명이 10^{10}개 정도의 방전으로 나쁘게 될 수도 있지만 그

"이런 데도 쏟아져 있네……" 휴대용 방사선 측정기로 오염 찾기

러한 것은 모두 표준선원을 써서 조사할 수 있다.

우리들은 휴대용 방사선 측정기에 대해 대단히 신뢰하지만 한번은 깜짝 놀랄 일이 있었다.

어느 연구소에서 가속기를 운전 중일 때는 1명도 들어갈 수 없도록 되어 있는 조사실에, 방사선 분포를 측정하기 위해서 한 연구원이 그의 동료와 함께 가속기의 강도를 수천 분의 일로 낮추어서 휴대용 방사선 측정기를 들고 그 방에 들어갔다. 가속기 빔에 가까이 감에 따라 휴대용 방사선 측정기가 점점 올라갔지만 어느 지점에 가서 그 이상은 올라가지 않기에 이상하다고 생각하고 있던 중 동료가 "위험하다, 피해!"라고 해서 큰 위험을 피할 수 있었다.

이 가속기는 빔을 단시간씩 펄스 상으로 내고 있기 때문에 펄스 중에 가이거 계수관이 대량의 수를 읽지 못했던 것이다. 함께 들어간 동료가 이것을 깨달아 위험을 피할 수 있었던 것이다. 이러한 예는 상당히 특수한 것이지만 계기를 사용할 때는 항상 그 원리를 철저히 알아두는 것이 중요하다. 그러한 점에서 휴대용 방사선 측정기는 간단한 원리로 쉽게 알 수 있는 기기이다.

4

오염의 검출

휴대용 방사성 측정기의 취급이 아무리 간단하더라도 언제 방사선이 나올지 모르는 곳에서 마냥 기다릴 수는 없다. 방사능은 보이지도 않고, 느낄 수도 없기 때문에 오염의 검출은 복잡하고 어려운 문제이다.

원자로나 대형 가속기를 쓰는 연구소 등에서는 에어리어 모니터(area monitor)라는 연속적인 섬광 계수기나 전리함을 요소 요소에 설치하고, 그 근처에 연속적으로 공기를 흘리면서 전리를 측정하고, 항상 감시하고 있는 것이 보통이다.

더욱 적은 규모의 오염 감시에 잘 쓰이는 것은 손, 발, 의복 모니터로 방사성 물질을 취급하는 관리 구역 입구에서 손, 발, 의복을 측정하기 위해 가이거 계수관이 들어 있는 모니터가 있어 이것으로 방사선 구역에서 나올 때 검사하도록 되어 있다.

지금까지도 방사능을 취급하던 사람이 모르고 오염을 밖에 가지고 나간 예가 몇 번인가 있기 때문에 현재 이 검사를 엄격하게 행하고 있다.

그러나 이 장치도 저에너지 β선과 α선을 느낄 수 없기 때문에 특히 위험한 α선 오염의 염려가 있을 때는 오염 부분을 닦아서 별도의 카운터로 행할 필요가 있다. 삼중수소 등은 내부오염이 소변에 금방 나타나기 때문에 소변을 액체 섬광체 용액과 섞어서 상당히 예민하게 조사할 수 있다.

원자로 시설 등에서는 특히 배수, 배기의 감시가 엄한 규칙으로 행해지고 있다. 이 제한은 극히 엄하지만 현재 측정 기술이 상당히 진보해 있기 때문에 평상 운전할 때 위험한 오염이 일어날 확률은 낮다고 생각된다.

5

γ선 분광기

방사능이 나온다고 해도 방사능은 여러 가지가 있어 크게 걱정 안해도 되는 것, 체내에서 위험한 것, 예방법이 있는 것(예를 들어, 요오드) 간단히 차폐될 수 있는 것, 차폐하기 어려운 것 등 여러 가지가 있다는 것은 이미 말해왔다. 그리고 사고의 종류에 따라 나오는 방사능도 다르다. 우랄 사고에서는 상당히 기분 나쁜 스트론튬 90이 강하게 나온 것

같고 영국의 윈드스케일 원자로의 방사능 방출 사고에서는 요오드가 문제가 되었다.

여하튼, 비정상적으로 높은 방사능이 있을 때는 그 방사능 핵종 결정을 서둘러야 한다. 대책은 어느 정도 그것에 의해 세워지기 때문이다.

이 목적을 위해서 많은 경우에 섬광 계수기 또는 반도체 검출기에 전기적 펄스 크기의 분포를 측정하는 일렉트로닉스를 연결한 γ 파고분석기, 또는 감마선 분광기가 사용된다.

대개의 방사능은 특유의 파장(에너지)의 γ선을 동반한다. 몇 종류는 비교적 중요한 방사능으로 상선만 내는 것이 있다. 이 경우는 γ선은 확실하지 않으나, β선 에너지 스펙트럼을 측정해 핵종을 추정할 수 있다.

γ선 분광기는 방사능 응용 분야에 상당히 중요한 것이다. 예를 들어, 방사화 분석으로 원자로 중에서 시료를 중성자로 조사하고 중성자 포획에 의한 방사능을 분석 정량해서 그중의 원소 분석을 행할 수 있다. 일례로 세계 중의 연구용 원자로에서 많은 분석 업무가 행해지고 있지만 우리들도 원자력 연구소 1호로에서 십 엔 동화(銅貨)를 일 분씩 조사해서 섬광 계수기로 γ선 분석을 행하여 그 γ 스펙트럼에서 100만 분의 1 정도의 금을 검출했다. 쇼와 26년 동화에 금이 많다는 소문이 있고, 특히 26년의 것은 상당히 손에 넣기 어려웠기 때문에 학생 실험을 겸해서 분석해 본 것이다. 확실히 다른 것에 비해 26년도의 동화에 금이 비교적 많이 들어 있었다. 그렇다고 모아서 의미가 있을 정도는 아니었지만……

의료계의 방사선 측정기 보급

여러 가지 방사선 측정기가 이미 가장 많이 사용되는 목적은 의료 검사 진단일 것이다. 의료를 위한 방사성 동위원소 이용은 현재는 대병원에서는 항상 행해지고 있다. 예를 들어, 중앙 동위원소 검사실과 같은 시설이 설치되어 있다.

방사성 동위원소 사용법에는 크게 세 가지가 있다.

하나는, γ선을 방사하는 방사성 동위원소를 체내에 넣어 그것이 여러 시간 후에 체내에 어떻게 분포할까를 섬광 카메라와 섬광 주사기구 (scintillation scanner) 등을 써서 측정하는 방법, 또 하나는, 체내에 도입한 후 어떻게 배설될까를 조사하는 방법으로 이상을 생체 내(invivo) 검사라고 하는 반면, 마지막 방법인 시험관 내(invitro) 검사는 체액 등을 방사성 동위원소를 포함한 약품과 혼합해서 그 반응을 보고 여러 기관의 기능 검사와 병의 진단을 하는 방법이다.

첫 번째 분포를 측정하는 방법은 최근 급속히 진보해서 여러 가지 시스템이 개발되고 있다. 원리는 그림에 나타낸 것같이, 핀홀 카메라 (pin hole camera)가 있으면 좋지만 실제는 그것보다 해상력을 좋게 하고, 될 수 있는 대로 적은 방사능을 써서 가능한 빨리 측정하는 방법이 개발되어 있다. 검출기는 요오드화나트륨과 비스무트, 저마늄을 쓴 섬광 검출기로 컴퓨터와 같은 정밀한 일렉트로닉스를 써서 방사성 동위

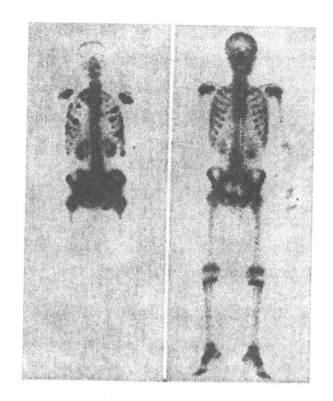

그림 4-2 | 신테그램의 예[좌(左)가 병변(病變), 우(右)가 정상]

원소의 분포도를 각각 볼 수 있도록 되어 있다. 감도가 약 150킬로전자볼트(keV) 정도의 핵에서는 저에너지 γ선이 잘 느끼도록 되어 있다.

이 방법은 진단하기 어려운 체내의 악성 종양이 가끔 테크네튬(Tc)이나 칼륨을 모으기 때문에 그 진단에 위력을 발휘한다. 특히, 뇌나 뼈의 종양 등은 X선으로 찾기 어렵기 때문에 유용한 것이다. 최근, 핵의

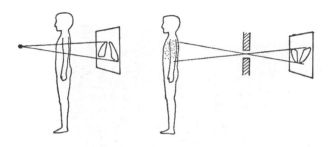

X선(좌)와 신테그램(우)의 원리

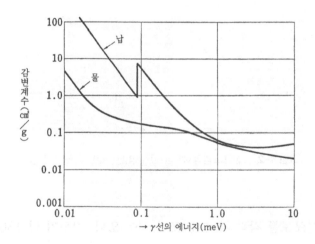

그림 4-3 | 물질 중의 γ선의 감쇠. γ선의 물속과 납 속에서의 감쇠 계수. 감쇠 계수의 역수
의 두께로서 세기가 1/e(약 2.8분의 1)이 된다. 예를 들어, 의사가 진단에 쓰는 $^{99}Tc^m$ γ선은 에
너지가 약 143kV이기에 이 표에서 읽어보면, 납이면 약 0.5g/cm², 즉 약 0.5mm에서 1/e로 감소
하지만 물은 7g/cm 즉, 7cm가 없으면 1/e이 안 된다(그러므로 몸은 간단히 통과한다). 예를 들
면, 세슘의 γ선이면 어떻게 될까(에너지 0.661meV).

학이라는 새로운 분야에서는 방사성 동위원소를 써서 병을 진단하는
데 급속한 진보를 하고 있다. 방사성 동위원소의 우수한 성질을 이용하
기 시작한 것은 $^{99}Tc^m$이라는 핵종으로 이것에 관해서는 다음에 또 논하
기로 한다.

두 번째, 세 번째 것은 간단하기는 하지만 일반적으로 γ선 측정이
편하기 때문에 섬광 측정기가 많이 쓰이고, 많은 시료를 취급하기 위해
서 자동측정법이 잘 개발되어 있다.

7

X선, γ선, β선의 물질 투과

방사선 종류를 가장 특징적으로 분류하는 것은 물질 투과 능력이다.
발견 후 금방 알았던 것은 대개 3종의 방사선(α선, β선, γ선)으로서 α선
은 알루미늄박 정도에서 멈추고, β선은 수 ㎜ 정도에서 1~2cm 정도의
얇은 물질만 통과하고, γ선은 본질적으로 X선과 같은 것으로 한층 투
과력이 강하다.

방사선의 투과력이 어떤 것인가는 간단한 측정기 예를 들어, 휴대용
방사선 측정기가 한 대 있으면 실험으로 금방 볼 수 있다.

우선 방사선과 측정기를 충분히 떨어지게 놓고(10㎝ 정도) 그 사이에
가벼운 물질, 합성수지와 같은 판을 점차적으로 넣어간다. 급격히 감소

하면 그것은 β선을 내고 있다는 증거이다. 더욱 증가시켜도 감소가 적으면 이것은 β선은 멈추고 γ선을 측정하는 것이다. 이 γ선의 감소하는 모양은 어느 두께에서 반 정도 된다고 하면 그 두 배의 두께에서 사분의 일, 삼배의 두께에서 팔분의 일과 같이 감소해 간다. 이것이 반으로 감소하는 두께는 무거운 물질(정확이 말하면 원자번호가 큰 물질)일수록 급격히 감소한다. 납은 원자번호가 82로 상당히 크고 싸게 살 수 있기 때문에 납이 방사선 차폐에 쓰여진다.

그 외 방사선 흡수는 γ선, X선의 에너지가 클수록, 바꾸어 말해 파장이 짧을수록 적게 된다. 보통 의학용으로 쓰는 X선은 파장이 비교적 길기 때문에 간호사들이 X선을 촬영하기 위해 가까이 갈 경우 납 에이프런에 의해 거의 흡수된다. 그러나 핵의학용이나 원자로에서 나오는 방사선은 그 정도의 납으로 충분히 감소될 수 없는 것도 있다.

따라서 선원만을 그냥 두면 몇 분 내에 치사량을 줄 정도의 γ선원은 2~3cm의 납벽으로, 또 에너지가 비교적 높은 코발트와 같은 경우라도 10cm의 납이 있으면 안전하게 차폐할 수 있다.

다시 말하면, 방사성 물질이 들어 있는 납 용기는 용기 밖에서는 거의 방사능이 측정되지 않더라도 바로 열어보는 것은 절대금물이다. 방사능 측정기와 같은 것으로 조정하면서 열어야 한다.

β선의 도달 거리도 그 에너지에 따라 증가하고 물질에 의존하지만, 원자번호 의존성은 γ선만큼 강하지 않고 대개 무게에 반비례하는 정도이다. 그러니까 보통의 β선 예를 들어, 스트론튬 정도이면 합성수지와

물, 생체 등에서 1㎝, 납에서 1㎜ 정도 있으면 멈춘다. β선, γ선 흡수의 몇 가지 예를 〈그림 4-3〉에 나타냈다.

8

차폐의 실제

상당량의 방사성 물질을 취급할 때는 역시 피폭되지 않도록 주의해야 한다. 단시간에 너무 가까이 가지 않으면 문제가 되지 않을 정도의 양이라도 안경을 쓰는 것은 상식으로 되어 있다. 그리고 장갑을 끼는 것은 오염을 피하기 위해 중요하다.

그 외 취급할 때 자신의 몸을 차폐하기 위해 두꺼운 유리 뒤에서 행하기도 하고 더욱 강한 방사능의 취급은 두꺼운 납 유리창이 붙은 핫셀(hot cell)에서 매직핸드(magic hand)를 써서 행한다.

납 에이프런은 X선이나 극히 에너지가 낮은 γ선에 대해서만 유효하다. 유효한 정도의 것은 너무나 무거워서 가지고 걸을 수가 없다.

차폐는 대개의 경우 가능하나, 제일 좋은 것은 측정해 보는 것이다. 신뢰할 수 있는 유일한 것은 자신이 측정해서 확인한 안전한 장소인 것이다.

중형 사고, 또는 핵전쟁에 의한 방사선에 대해 어떻게 자신을 보호할지에 대한 효과적인 대책이 가능하다고 생각된다. 앞에서 논한 것같이 폭발 시의 차폐는 물론 운이 따른다. 히로시마에도 폭심지 부근에서 직접조사에 대해 차폐되어 있었기 때문에 살아남은 사람이 있다고 알려져 있을 정도이니까…….

그 후 방사선이 가까이 있음을 알았을 때는 차폐 노력은 가능하다. 예를 들어, 세슘 γ선은 시멘트 10㎝를 통과하며 거의 반감한다. 또 β선은 대게 손에 닿을 정도로 가깝지 않으면 대단히 위험한 정도는 아니다. 여하튼 넓은 들판의 중간에 있지 않는 한 어디인가 숨을 곳이 있을 것이고, 그것을 찾기 위해서는 측정기가 절대 필요하다.

공기에 의한 차폐도 무시해서는 안된다. 공기층의 두께는 물 10m에 상당하니까 수 ㎞의 버섯구름이 오르더라도 그 방사능에서 나오는 방사선은 거의 오지 않는다. 차라리 그것 다음의 강하물과의 접촉이 염려되는 것이다. 원자로 사고의 경우도 같다. 즉각 경보가 나와서 충분한 수의 측정기가 있으면 안전한 피난 장소는 반드시 찾게 될 것이다.

현재 작동 중인 원자로 사고나 핵폭발의 여파와 같은 경우에는 긴급 피난소를 찾는 일은 상당히 급히 해야 하고 그 조치가 적절한가에 따라 사상자의 수는 큰 차이가 날 것이다. 이 때문에 단순히 충분한 측정기의 수뿐만이 아니라 차폐, 그 외에 대한 지식을 가진 사람들이 충분히 있는 것이 필요하다.

피난소

미국이 미사일 공격을 해 온 것도 있지만 독일에서는 핵병기에 대한 방위가 일반인에게 큰 문제가 되어 있다. 스위스에서는 또 전체를 새로 짓는 집에는 피난소를 만드는 것이 정해졌다고 하지만 독일에서는 아직 의무는 아니고 개인 선택에 의한다. 그러나 큰 역 등은 이미 지하공간을 핵 공격에 대비한 피난소로 계획되어 있다고 한다. 대표적인 주간지에 의하면, 사취(死臭)를 막기 위해 사체를 넣는 봉투에 건조제를 넣어 준비해 두고 있다고 한다.

대개가 생각하고 있는 내용은 정원이 되면 무거운 문을 닫아 안에 방사능이 들어오지 못하도록 할 예정인 것 같지만 일어난 적이 없던 사태에 대처해서 전부가 잘 움직일까 어떨까는 상당히 의심의 눈으로 보고 있는 것 같다.

일본에서는 가옥의 성질상 유럽인의 혈거(穴居) 생활과는 많은 차이가 있기 때문에 굴로 바꾸는 것보다 오히려 나무에 오르는 쪽이 자연스런 대피 방법일 것 같다.

이것은 실은 전부 농담만은 아니다. 왜냐하면 적이 노리는 무경고 폭격이면 피난소에 들어가 기다리고 있을 수만은 없으니까 폭발에 따른 방사선은 혈거인이나 나무 위의 원숭이나 같은 것이다. 그 후에 오는 방사능에 대해서는 물론 제일이 내부피폭이 없도록 하는 것, 다음에 외부피폭을 피하기 위해 차폐를 찾는 방법을 가지고 있는 것이다.

그러한 의미로, 우리는 일본에서의 방사능의 방위는 반드시 서투른 지도자에 의존한 대피보다, 간편한 몸으로 보다 많은 측정기를 가지고 있는 편이 유효하다고 믿고 있다. 이러한 생각은 독일에서도 마찬가지일 것이다.

10

측정기가 없을 때

거의 99퍼센트 이상의 사람들은 "그건 위험해!"라고 했을 때 방사능을 측정하기란 불가능한 일이다. 그래도 어떻게 할 수 없을까라고 한다면 이것은 상당히 어려운 질문이다.

한 가지 알고 있는 것은 오존 냄새이다. 이것은 공기 중에서 방전이 일어날 때 체험한 것으로 자외선램프 등도 이 냄새가 난다. 특수한 냄새로 자주 대하는 것은 아니지만 알아두는 것이 좋다.

오존의 냄새를 느낀다면 이것은 이미 상당히 위험한 방사능이 있다고 생각해야 한다. 이미 논한 유고의 임계로 치사 피폭 사고는 오존 냄새로 알아차린 것이다.

또 하나 생각해 둔다면, 극히 간단한 측정기를 자작하는 가능성이다. 경우에 따라서는 수 시간 안에 자작이 될 가능성이 있는 것은 퀴리

어느 쪽이 안전?

부인이 최초로 사용한 검전기이다.

　간단히 만들 수 있는 검전기는 소위 금박 검전기라는 종류의 것으로 〈그림 4-4〉와 같이 좋은 절연체로 지지한 금속 전극 한 단(端)에 금박이 붙어 있어(이것은 금을 얇게 늘이기 쉽기 때문에 금을 사용하는 것으로 알루미늄박도 좋을 것이다) 이 금속에 마찰로 인한 정전기를 주면 금박이 열린다. 이러한 방법은 어느 정도의 전기가 있는지를 알 수 있게 한다. 만약 절연체가 완전해서 공기 중에 이온과 전자가 없으면 전기는 나갈 수가 없기 때문에 상자는 항상 열려 있게 된다. 그러나 가깝게 방사능이 있어 그것에서 나오는 방사선이 공기를 이온화하면, 그것이 공기에 전기 전도도를 주기 때문에 전기가 없어져서 상자가 점점 닫힌다. 이 빠르기가

여기에서 전기를 준다.

절연체

엷은 가동금박

그림 4-4 | 금박 검전기의 구조

방사선 세기에 비례한다.

우리도 어린 시절에 이런 것을 만든 적이 있었지만 문제는 절연체로써 아마 봉납을 사용한 기억이 있다. 이 절연이 완전하면 어느 정도 높은 감도의 검출기가 되는 것이다.

문제는 정확도인데 미리 방사능이 제로인 곳에서 상자가 닫히는 속도를 측정해 두면 후에는 상대 측정, 즉 어느 곳이 어느 곳보다 방사능이 많고 적은가의 기준으로 쓰일 수 있다. 단, 검출기를 잘 건조시켜 사용하는 것이 중요하다.

물론, 이러한 것은 급박한 때 대단히 도움이 된다. 이과의 연구 테마 등에 굉장히 적당하다는 생각이 드는데 혹시 검출기 만드는 법을 개발해 보지 않겠는가?

제5장

방사능에 관한 법률

방사능 물질 관리 구역, 용기 등에 붙어 있는 표시

1

법률의 제정

새로운 위험이 발생하면, 사회는 그것에 대해서 여러 가지 반응을 나타낸다. 우선 경계를 위한 정보의 수집, 전달, 과거에는 기도와 그 외 재앙을 제거하는 행사, 나아가 미신 등이 행해졌는데 지금도 없어졌다고는 할 수 없다. 그러나 현대의 조직 사회에서는 그 위험을 가능한 한 경감하기 위해 법률의 제정이 행해졌다.

좋은 예로써 자동차의 발명, 보급에 의한 교통사고의 위험을 가능한 피하기 위해 '도로교통법'이 제정되고, 이것은 현실의 자동차에 의한 사회이익을 충분히 살리면서 그 위험을 대폭 경감시키기 위한 것이다. 이 경우 사람은 충돌하지 않는다는 기본원리를 잊고 '도로교통법'을 지킨다는 운전 방법은 시내 교차점에서 우측만 보는 사람(유럽은 우측통행, 따라서 우측 우선)이 대부분으로 '도로교통법'을 철저히 지키고 그것에 의존해서 좋은 성과를 올리고 있다.

히로시마, 나가사키의 비극 후에 급속한 원자력 평화 이용, 특히 원자로의 보급, 방사성 동위원소의 이용, 나아가 의학에 대한 이용에 따라 전후 세계의 방사선에 대한 위험이 부상해 왔다. 그 때문에 각국은 이 새로운 위험을 가능한 방지하기 위해서 법률 제정을 서두른 것이다. 쇼와 33년 일본에서는 처음 '원자력법'의 일부로서 '방사선 장애 방지법'이 시행되어 그 후 수 회의 개정을 거듭해 지금은 그것에 따라 정령

(政令)도 포함한 복잡하고 묘한 법령으로 되어 있다.

현대 사회는 어느 분야에 일단 법률이 제정되면 그 분야의 발전은 상당한 정도까지 법에 제약된다고 한다. '방사선 장애 방지법'은 '도로 교통법'과 닮아서 어떠한 정치적이고 사상적인 것이 포함되어 있지 않다. 그러나 그 대상이 자동차와 같은 극히 파악하기 쉬운 것과 방사선 이라는 지금까지 극히 알기 어려운 것과는 큰 차이가 있어 '방사선 장애 방지법'의 경우에는 법률의 참 기본정신을 살리려는 운용이 극히 어렵게 되어 있다.

법령의 내용은 대부분 방사성 동위원소 및 가속기 등의 방사선 발생기기의 취급방법을 규정한 것이지만, 이것은 일반사람들에게는 직접 관계가 없기 때문에 우선 최소한 일반사람들도 알아 두어야 할 점을 발췌해서 해설하고, 다음의 일반적 견지에서 현행법과 그 운용이 어떠한 사태를 만들고 있는가를 생각해 보자.

2

일본의 입법

일본의 '방사성 동위원소 등에 의한 방사선 장애 방지에 관한 법률'(소위 '방사선 장애 방지법')은 그 목적으로 제1조에 "이 법률은 원자력 기본법의 정신에 의해 방사성 동위원소 사용, 판매, 폐기, 그 외 취급

방사성 동위 원소를 마음대로 버리고, 팔고, 취급해서는 안 된다!

방사선 발생장치 사용 및 방사성 동위원소에 의해 오염된 물건을 폐기, 그 외 취급을 규제하는 것으로 방사선 장애를 방지하고 공공의 안전을 확보하는 것을 목적으로 한다"라고 되어 있다.

입법에 있어서 더욱 중요한 점은 어느 정도 세기의 피폭에서 개인에 따라 또 어느 정도 피폭에서 인간 집단에 영향을 줄까, 즉 유전에 영향을 줄까의 판정에 있고, 그것에 더더욱 어떠한 제정을 만들면 그러한 피폭이 방지되는가를 기술적으로 검토해서 법률이 만들어지고 있다.

전자의 선량 위험한계의 추정 그 외 일반으로 이 법률의 기본적인 점은 소위 'ICRP' 권고라는 것에 따르고 있다. ICRP(International Commission for Radiation Protection 국제 방사선 방어위원회)는 1950년 발족 이래 전문가에 의한 전문 위원회로서 항상 그 시점에서의 최신의 학문적 정보를 근본으로 이미 수 회의 권고를 냈고, 일본의 법률은 1958년의 권고를 근본으로 한 것이다. 법률을 제일 처음 만든 나라는 서독으로 일본 법률은 서독의 법률을 근본으로 해서 입안되었다. 현재로는 세계 각국에서 대개 ICRP 권고를 근본으로 해서 자국의 사정을 가미해서 입법하고 있다.

나도 이 초안을 작성할 때 참석을 했지만 당시에는 아직 여러 대학들이 연구비 등이 적었을 시대였기 때문에 상당히 큰 설비 투자를 하지 않으면 방사성 동위원소를 사용할 수 없기 때문에 이 입법을 상당히 위험스럽다고 기억하고 있다.

3
ICRP 권고

ICRP 권고의 주안점은 개인과 공중(公衆)이 어느 정도 선량이면 피폭 받아도 상관없을까의 선량 추정으로 현행 1958년 권고는 허용량의 결정을 위해 당시 알고 있던 하늘소의 자연 돌연변이율과 방사선 조사에 의한 그 증가계수, 쥐에 대한 같은 값 그것과 인류 자연 돌연변이율을 계산해서 인류 유전 장애에 영향을 주지 않는 선량률을 추정한 것이다. 그 결정법에서 금방 상상되도록 허용률은 자연 피폭량과 크게 다르지 않도록 되어 있다.

	외부선량	공기(물)중농도	표면오염밀도
사업소의 환경	10mrem/주 이하	3개월 평균치가 최대 허용농도의 1/25 이하*	–
관리구역**	30mrem/주를 넘는 장소	주 평균치가 최대 허용농도의 3/10을 넘는 장소	최대허용표면밀도의 1/10을 넘는 장소
방사선시설내의 항상 출입하는 장소	100mrem/주 이하	최대허용농도 이하	최대허용표면밀도 이하
출입구 등	30mrem/주 이하(관리구역 경계)	8시간의 평균치가 최대허용농도의 1/25 이하 (배기구, 배수구)*	최대허용표면밀도의 1/10이하(관리구역의 출구)

표 5-1 | 장소에 관하는 허용 선량, 허용 농도, 허용 표면 밀도

* 배기구 또는 배기구에 있는 배기 중 또는 배수 중의 농도를 허용 농도 이하로 하는 것이 곤란한 경우에는 배기감시설비 또는 배수감시설비를 만들어 감시하고, 사업소 환경에 의한 그 농도를 허용 농도 이하로 한다.
** 외부 선량과 공기오염이 동시에 있는 경우에는 그것을 합하고, 합이 1이 넘는 장소를 관리구역으로 해서 설정해야 한다.

물론 이것은 컨트롤되지 않는 인류집단에 대한 것으로 컨트롤 되고 있는 개인에 대해서는 이미 조금 높은 양을 허가하고 있다. 그렇게 하더라도 과거 퀴리 부인 등 선구자들이 맞고 있던 피폭량에 비한다면 낮은 것이다. 현행법에 의한 허용량은 상당히 복잡하게 정해져 있지만 그 일부를 〈표 5-1〉에 나타내고 있다.

ICRP 권고는 그 후 1965년에 한 번 개정, 가장 새로운 것은 1977년

	종류가 확실한 한종류의 경우	종류가 확실한 것의 두종류 이상의 경우	종류가 확실하지 않는 경우
최대허용공기 중 농도	〔고시별표 제1〕* 의 2.5배	〔고시별표 제1〕에 대한 비율의 합이 2.5배	〔고시별표 제2〕의 2.5배
최대허용수 중 농도	상 동	상동	〔고시별표 제3〕의 2.5배
배기중의 허용 농도	〔고시별표 제1〕 의 1/10	〔고시별표 제1〕에 대한 비율의 합이 1/10	〔고시별표 제2〕의 1/10
배수중의 허용 농도	상동	상동	〔고시별표 제3〕의 1/10

표 5-2 | 최대 허용 농도 등

* [ ]는 각각에 대해서 쇼와 35년 과학기술청 고시 제22호에 나타난 농도를 나타낸 것으로 한다. 허용농도는 어느 쪽도 8시간 평균치에 대한 것이다.

	방사선 작업 종사자	관리구역 수시 출입자, 운반작업 종사자
최대허용피폭선량 : 전신의 경우	3rem/3개월 임신 가능한 여자 : 1.3rem/3개월 임신중의 여자 : 1rem/기간중	1.5rem/년
피부만의 경우	8rem/3개월	3rem/년
손, 발 등만의 경우	20rem/3개월	—
최대허용직접선량(D)	$D = 5(N - 18)$〔rem〕	—
긴급작업시의 허용선량	12rem	—

표 5-3 | 최대 피폭 허용 선량 등

에 내어진 것으로 특히 핵의학에서의 방사성 동위원소 보급에 대응해서 새로운 선량당량 한도라는 개념을 도입하고 있다. 이것은 각 기관(器官)의 선량에 하중계수를 곱해서 합한 것으로 그 한도에 제한을 가하는 생각을 기본으로 하고 있다.

또 하나는 새롭게 유전과 같은 문턱값이 없는 영향(소위 확률적 영향) 뿐만 아니고 문턱값이 있는 비확률적 영향에도 언급하고 〈표 5-2〉에 나타낸 것 같은 권고를 행하고 있다. 즉 비확률적 영향의 문턱값 및 확률적 영향이 일어나는 확률로서 〈표 5-3〉과 같은 것이 주어지고 있다.

확률적 영향의 선량당량 한도의 산정규준은 높은 안전기준의 일에 직업적 위험이 있으면 용인되도록 되어 있다. 이 경우 높은 안전기준의 직업에는 직업상의 위험에 의한 평균 사망률이 1만분의 1을 넘지 않는 것을 나타내고 있다.

그 외 임신 가능성이다. 또는 임신 중의 직업인 여성에 더욱 엄한 제한이 붙어져 있다.

새로운 권고는 계산법이 복잡하고 실행은 사실상 곤란한 경우가 많지 않을까 생각되는 점이 있지만 한편, 앞에 붙어 있던 연령의 조건 그 외의 적은 것들은 제외되고 선량당량 한도의 준수만으로 충분하다는 관점이 취해지고 있다. 즉, 선량이 확률적 영향으로 제한되고 있으면 실제 문제로서 비확률적 영향에 의한 제한에 걸리는 것은 아니다.

새로운 ICRP 권고는 예를 들어, 그 주지(主旨)로서 "어떠한 행위도 그 도입으로 이익이 생기게 하지 않으면 채용하지 않는다"라는 공문(空

文)을 넣고, 겨우 국민이 rad, rem 등의 개념을 알기 시작했는데 마을 이름을 변경하듯 그레이(Gy; rad), 시버트(Sv; 100rem)와 같은 새로운 단위를 도입하기도 하고 또, 실효 피폭량 산정법의 합리화(실제는 복잡화)라는 것은 오히려 불가능화라고 말하며 엘리트 관료의 모습을 많이 보이고 있다. 56년도의 『원자력 안전 백서』에 의하면 일본에서는 방사선 심의회에서 그 도입을 검토 중이라고 했는데 사회 실정에 따른 검토가 요망된다.

4

법률의 대상

이렇게 국민을 피폭에서 지키는 것을 주지해서 법률은 팽대한 양의 여러 가지 결정을 하지만 그 정신은 대개 '도로교통법'과 같은 것이다. 예를 들어, 여러 가지 장소나 경우에 따라서 속도제한을 정하고 또 차의 구조에 관한 규제, 검사의 의무, 사용자 면허, 긴급 사고 시의 대처법, 모든 제출하는 방법, 책임의 체계 등등이다.

그러나 방사선에 관한 법률의 경우에 대개는 규정 이상의 방사능량을 취급하는 사람이 알아 두어야 할 것, 특히 더욱 상세한 것을 취급하는 주임의 면허를 가지고 있는 사람이 알고 있는가 또는 조사하는 방법을 알고 있으면 좋은 것과 관리 구역에 들어갈 때 배우면 좋은 것으로

군 별	방사성 동위원소의 종류	수량 $[\mu Ci]$
제 1 군	^{90}Sr 및 α방출체	0.1
제 2 군	물리적 반감기가 30일을 넘는 방사성 동위원소(^{3}H, ^{7}Be, ^{14}C, ^{35}S, ^{55}Fe, ^{59}Fe 및 ^{90}Sr와 α방출체를 제외)	1
제 3 군	물리적 반감기가 30일을 넘지 않는 방사성 동위원소(^{18}F, ^{51}Cr, ^{71}Ge 및 ^{201}Tl과 α방출제를 제외) 및 ^{35}S, ^{55}Fe 와 ^{59}Fe	10
제 4 군	^{3}H, ^{7}Be, ^{14}C, ^{18}F, ^{51}Cr, ^{71}Ge 및 ^{201}Tl	100

표 5-4 | 밀봉되지 않은 방사성 동위원소의 정의량(규제량)

여기서는 상세하게 논하는 것은 생략한다.

그러나 '도로교통법'에서는 자동차를 가지고 운전하는 사람이 아니라도 역시 알아 두는 편이 좋을 때도 있다. 예를 들어, 파란색이 가고 빨간색이 정지라든가 횡단보도가 있는 곳에서는 사람이 먼저 오면 차는 정지하는 의무(의무를 잊어버리는 사람이 있다는 것을 항상 주의)가 있는 것 등이다. 여기서는 그러한 것에 상당하는 소위 컨트롤 밑에 있는 직업인이 아니더라도 현재 방사능과 공존하는 세계에 살고 있는 사람이 알아 두면 좋은 것을 살펴보자.

우선 제1은, 법률에서의 방사능은 일반 방사능과 다르게 어느 양이하는 방사능이라고 보지 않는 것이다. 하나는 자연 방사능으로 $0.002\mu Ci/g$이나 고체상의 것으로 $0/0.01\mu Ci/g$을 넘지 않는 것, 또 〈표 5-4〉에 나타낸 한계량의 방사성 물질은 법률에서의 방사성 동위원소 정의에 걸리지 않는다. 또 하나는 밀봉된 선원으로 그중의 방사능이 $100\mu\text{Ci}$를 넘지 않는 것이다. 이것들의 양은 그렇게 적은 양이 아니고 이과 실험 등에 충분히 쓰이는 양이다.

단, 이것들은 하나의 사업소당의 것으로서 하나의 사업소가 갖는 선원의 총량으로 규정되어 있다.

5

표시, 관리 구역

또 하나 알아 두면 좋은 것은 방사성 물질을 취급하고 있는 관리 구역, 방사성 물질의 용기 등에 붙어 있는 표시이다(제5장 제일 처음에 게재되어 있다).

관리 구역은 그 안에서 법률에 의해 정의된 양보다 초과량의 방사성 물질이 사용되기도 하고 저장되기도 하는 것이 인정된 구역이다. 아마 이러한 표시는 대병원 중앙 검사실이나 동위원소 검사실, 대학연구실과 견학으로 원자로 근처 등에서 본 적이 있었을 것이다.

이것과 유사한 표시는 가속기, X선 장치 등을 사용하는 사업소 등에서도 명시해야 한다.

관리 구역은 별도로 출입이 일반적으로 금지된 것이 아니지만 관리 구역 내에 여러 가지 규제가 있기 때문에 그곳에 들어가거나 일을 하기

표시가 붙은 용기는 절대로 열어서는 안 된다. 정말로 위험한 상자다.
백발이 되는 정도로 끝나면 좋겠지만…

위해서는 책임자에게 연락해서 그 지시에 따르는 것이 필요하다.

실내나 구역뿐 아니라 방사선원에도 이 표시를 붙이도록 되어 있다. 운전 중은 특히 그렇게 해야 하고 차량에도 표시를 붙여야 한다. 강한 방사성 물질을 건물 내에서 또는 밖에서 운반할 때나 저장하고 있을 때도 반드시 납 차폐용기에 넣는다.

특히 운반용 납 용기는 크기에 상관없이 이 표시가 붙어 있을 때는 직접 닿으면 큰 화상을 입을 가능성이 있기 때문에 절대로 열어서는 안 된다. 만약 이 표시가 붙어 있는 것을 잃어버렸거나 버려져 있다면 신고를 해야 한다. 납 용기에 들어 있지 않을 때는 큰 선원이 아니더라도 몸에 지니고 걷지 않는 편이 좋을 것이다.

6
어려운 법률의 운용

대개 직접적으로 일반인이 알아야 할 것은 지금까지 논한 것 정도이고, '방사선 장애 방지법' 규정 사항의 문제가 되는 것은 대부분 관리 구역 중에서 발생한다. 그러니까 이 법률이 일반인을 정말로 지키는가는 길게 보면 꼭 그렇지는 않은 것 같다.

물론, 폐기물 등은 엄한 규제에 의해서 관리 구역 외의 사람이 피폭당할 가능성, 또는 환경 방사능에 대한 규제가 엄하게 되고 집단에 대한 피폭이 감소한 것은 사실이다. 그러나 원자로, 폐기물 공장 등과 같은 다량의 방사능을 내는 곳은 그렇다고 해도 연구, 교육기관이 만약 이 법률이 없다고 하더라도 도대체 어느 정도 오염에 기여했을까는 의문이다.

그러나 이 문제는 뒤로 하고 법률이 꼭 잘 사용되지는 않을까라는 의문의 예로써 잠깐, 표시에 관해서 우리 연구실 가까이에서 일어난 어느 이야기를 해보자.

수년 전에 가까운 어느 연구실에서 화재가 난 적이 있었다. 원인은 물어보지 않았지만 여하튼 밤 2시 30분경 어느 상당히 큰 건물의 지하에 있는 연구실에서 발연(發煙), 가끔 철야로 실험을 하고 있던 그룹의 한 사람이 그의 2층 방에서 연기가 침입하고 있는 것을 알아차리고 복도로 나왔을 때는 이미 연기가 가득했기 때문에 수위에게 전화해서 수위가 즉각 소방서에 연락을 했다. 4분 후에 3㎞ 떨어진 동네에서 소방

표시가 있는 곳에 함부로 물을 뿌려서는 안된다.

차 두 대가 달려왔으나 그 작은 화재를 낸 연구실 문 앞에 방사성 동위원소를 사용하고 있는 표시가 붙어 있었던 것이다.

소방서 규정으로 이 표시가 붙어 있을 때는 함부로 물을 뿌려서는 안 되니까 즉시 관리 책임자가 불려서 자택에서 40분 만에 달려왔다. 이때까지는 더욱 가까운 대도시에서 17대의 소방차가 와서 명령을 기다리고 있었던 것이다.

책임자가 와서 노트를 조사하고 방사능은 금속 안에 들어 있어서 1,000도 가까운 고열에도 견딜 수 있는 뫼스바우어 효과 연구용의 선원이며 대선원이라고 할 정도가 아니기 때문에 물을 뿌리는 허가를 얻었다.

화재는 이미 단순한 연기뿐만 아니라 불꽃이 일어나서 불은 2층까지 옮겨져서 귀중한 서류를 모아둔 이론부의 도서실을 태우며 점점 기세를 더하고 있을 때였지만 강력한 소방차에 의해 진화되었다. 방사능의 산실(散實)은 전혀 없었지만 가까운 연구실은 불과 물에 의해 10억 엔의 손해를 입었다.

결과적으로 그러한 큰 손해에도 불구하고, 역시 우연히 휘말려 든 사람들이 우선 신체적 장해가 없었던 일, 그곳의 사람들 모두가 법률에 정해진 것처럼 바르게 행동한 것을 포함해서 일종의 만족감이 있었다. 더욱, 이 사고에서 맹독의 중금속이 대량 없어졌다는 소문도 있었으나 이것은 사실무근이다. 가끔 방사성 물질을 취급하는 방사화학 연구실에서 강산, 그 외 비방사능 사고가 많다고 말해지고 있다.

이 화염은 그 크기에서 말해보면, 비방사능 사고에 의한 사상자가 나오더라도 어쩔 수 없는 큰 것이었다고 생각된다. 법률에서는 그렇게 해야만 했지만 실제로 불필요한 과도의 방위 시스템 피해로 생각해야 될 것이다.

7

연구의 조해(阻害)

'방사선 장애 방지법' 실시에 의해 방사성 동위원소 취급은 상당한 규제를 받도록 되어 대단히 귀찮게 되었다. 하나하나의 기록, 보고 의무 등은 실제 한 사람의 연구자와 의사가 모두 담당할 수 없는 정도의 것이다. 물론 큰 연구소나 대병원 검사실 등에서는 이 때문에 인원을 붙여 놓는 것이 보통이고, 관리실에서는 당연히 취급 주임자가 필요하니까 면허를 가진 사람을 고용하는 것이 보통이다. 그러한 여유가 없는 대학연구실 등에서는 교수가 공부해서 면허를 취득하는 곳도 있다.

동위원소 취급과 수속 등에 익숙해져 있는 경우는 그 의무에 큰 지장을 느끼지 않는다. 곤란한 것은 새롭게 어떠한 아이디어가 있어서 급히 사용하고 싶을 때나 소위, 선구적인 연구를 하고 싶은 사람들을 어느 정도 확실히 의식적으로 그것을 지켜주는 사람이 윗선에 있지 않을 때는 대개 법률의 벽에 부딪혀 생각하고 있던 것을 실행해 보지 못하게 되었다.

최근 수년간, 방사성 마그네슘 28(^{28}Mg)이라는 신유용 동위원소(新有用同位元素)를 만들어서 외부의 이용에 제공할 때 이러한 관료주의 벽 때문에 단념할 수 밖에 없었던 예가 많이 있었다.

수년 전, 전전(戰前)에 어느 유명한 방사화학 교수의 최종 강의를 들었을 때 여러 가지 자신의 일의 회상과 함께 이 분야의 성쇠에 관해 말하고, 처음의 예상과 반대로 방사성 동위원소를 응용한 연구가 훨씬 진보하지 않았던 것은 이 무의미하게 엄격한 규제 때문이라고 하였다.

정책 경향과 매스컴

이미 인간 집단의 유전에 대한 영향이 천연 방사능과 크게 다르지 않은데 이는 극히 엄한 허용량에 의한 안전장치를 가해 일상 의료용으로 쓰는 것 이외에는 방사성 동위원소의 사용을 상당히 제약하고 있다. 특히 이와 같은 법률에 박차를 가하고 있는 것은 현행 감독관청의 행정지도와 매스컴이다.

법률의 제약이란 거의 상투적인 것이지만 그것에 감정과 혈육을 붙여 운용되고 있는 현재의 정책은 더욱 엄한 경향이 있다. 이것은 아마 방사능을 가능한 국민에게 맞추지 않는 것이 좋은 정치라는 터무니 없는 큰 잘못에서 오는 것이다. 이것이 얼마나 중대한 잘못인가는 지금부터 천천히 설명하겠지만 또한 거기에 천박한 사명감과 앙합(仰合) 정신을 가진 매스컴이 붙어 온다.

예를 들어, 허용량을 다소 넘는 정도의 배수 방사능 밀도가 증가해도 실제는 어떠한 영향도 없을 터인데 신문의 일면에 대대적으로 실어, 다음 날 만약 비행기 추락사고가 일어나지 않는 한 수일간 기사를 싣는다. 또, 연구실 어딘가에 오염이 있다고 해서 그곳 소장이 처리하는데 수개월씩 소비하는 것은 정말로 어딘가 미친 것이 아닌가 생각된다.

만약, 신칸센이 205㎞로 달리던 것을 210㎞로 달렸다고 해서 신문이 일면에 실었다면 그러한 신문은 금방 팔리지 않을 것이다.

유감스럽게도 방사능의 경우에는 사람들이 아직 바른 감각을 가지고 있지 않기 때문에 그것에 관한 기사에 선악 판단을 붙여 대단한 것으로 보도한다. 이것은 마치 사람들을 비즉물적(非即物的)인 생각에 익숙하도록 하는 것으로 대단히 죄스러운 일이다.

'도로교통법'의 경우에는 만약 인구 밀집지대의 모친단체와 같은 곳에서 속도 제한을 3미터로 해야 한다고 주장한다면 누구도 그러한 의견에 귀를 기울이지 않을 것이다. 그러나, 그것에 상당하는 것을 방사능의 경우라면 충분히 통과시킬 수 있을 것이다. 더구나 방사능의 경우에는 차와는 달리 직접 일상생활에 필요한 것이 아니기 때문에 위험한 것은 막아버리라는 의론(議論)은 통하기 쉽다.

사실, 이러한 생각은 이미 만연되고 있다. 이미 학교 이과 실험에서 방사능을 쓰는 실험을 하지 않는 곳이 상당히 많고 그 배경은 지금 논하는 것과 같은 생각에 의한다고 한다. 서독의 바이리아 주에서는 방사성 동위원소를 쓸 수 있는 면허를 가진 의사의 수가 300을 넘지 않는 정책을 취하고 있다고 한다. 국민을 방사능에서 격리할 정책이 강하게 되어 있는 것이다.

국민의 무균배양 더욱 정확히 말하면, 국민의 무방사능 배양이 어떠한 귀결을 일으킬까. 병상은 이미 나타나기 시작하고 있다.

'무츠'의 우권(愚拳)

방사능이 얼마나 가공의 존재인가를 여실히 나타난 예는, 정부가 자만했던 원자력선 '무츠'가 대표적이다.

나는 귀국할 때마다 항상 신문에서 변함없이 계속되고 있는 '무츠'에 대한 토론을 읽었다.

그 토론에서의 인상과 내 주변에 방사능과 원자력, 이론물리학 등을 전문으로 연구하는 사람들이 있고 그들에게 들은 인상을 종합해서 생각해 보면, 계통적인 말로써는 전체 내용을 알지는 못하지만 대개의 윤곽은 일반인들과 같이 생각해 오던 것이다.

내 생각엔 원죄(原罪)는 일본 원자력 개발의 추진 방법에 있다. 즉, 법률과 제도를 만들고 관리에 의해서 과학기술이 진보한다고 믿고 추진한 결과라고 생각한다.

어느 대학의 학생들에게 들은 이야기(몇 번씩 들어서 아마 거의 그렇다고 생각된다)가 있다. 최초에 문제를 일으킨 중성자로에 대한 차폐 부족에 대해서, 이 설계의 검토를 의뢰받은 미국의 경험 있는 회사가 제출한 결과 보고서에 그 설계의 결함이 확실히 지적되고 있는데도, 그것이 무시되었다는 것이다(아마 설계는 제3자에게 보여서는 안 되는 규칙이 있다고 생각되지만, 그 보고서 내용까지도 그러한 규정이 있는지 없는지가 재미있는 점이다).

무츠가 일본 각지에 돌아다니고 있는 것은…….

　이러한 점에서 당사자가 신용을 잃어버리면 그 회복은 보통 힘든 일
이 아니다. 특히, 방사능이라는 어려운 상대는 더욱 그러한 것이다.

　그러한 상태에서 그 프로젝트 책임자가 강하게 추진하면 일어나는
것은 감정 문제뿐이다. 아무리 개조한 후 염려말라고 하더라도 그것이
신용받지 못하면 방법이 없다. 생선 가격 등은 방사능이 1g당 몇 퀴리
(Ci)인가로 정해지는 것이 아니라 얼마나 기분이 나쁜가에 따라 정해진
다. 같은 계통의 책임자가 하고 있는 한, 금으로 감아 두지 않으면 방법
이 없다고 생각한다.

　어느 곳에서 '무츠'의 기항 예정 직전에 다른 원인으로 가리비(부채
모양 둥근 조개)가 사멸해버린 대단히 유감스러운 일이 있었다는 말을 들

었다. 이렇게 되면 방사능이 어떻다는 차원의 문제보다는 의지의 문제로 취급된다.

일본인은 전쟁 중, 중국에서 "법비(法匪)"로 불려 미움을 받은 적이 있는데 현재, 법률을 관철해서 자신의 의지를 무리하게 시행하는 관리자들이 이러한 뭔지도 잘 모르는 "방사능"의 실제를 향해서 "법비"와 같은 저항을 받는 것은 당연한 것이라고 생각한다.

법률에 의해 성격 지워진 사회

오래전의 일이지만, 서독 연방 정부의 엘리트 관료와 회식을 한 적이 있었다. 그때 최근까지 일본경제와 서독경제가 극히 평행선을 취하고 있는 이유에 대해 자세한 토론을 했는데 그는 일반적으로 인정하는 것같이 양국이 놓인 처지가 비슷하기 때문이고, 특히 중요한 것은 독일 민법을 일본이 복사했기 때문이라는 의견을 강조하였다.

또한, 일본과 독일 양국인에게 생활에서 절대로 끊을 수 없는 것은 자동차로, 자동차가 도입되고 나서 사람들이 물건에 대한 생각이 달라졌다고 한다. 예를 들어, 부딪쳐도 사과하지 않는 것과 어느 쪽이 잘못인가로 그때의 상황을 매듭짓는 등 '결착(結着)을 위한 법률'이 생활의 규칙으로 되고 있다.

'방사능 장해 방지법'의 경우에는 그것이 어떤 영향을 가지고 있는 가는 그 기본정신 '불필요한 피폭은 피한다'라는 것이 중시되는데 예를 들어, 측정해도 느껴지지 않는 상태이기에 천연 방사능의 10분의 1만 넘어도 '기분 나쁘다', '나쁜 것에 당했다' 등의 "느낌"이 든다. 이 "느 낌"은 방사능에 관한 지식이 완전히 보급되지 않는 한, 완전히 법률을 무시하는 아나키즘(anarchism)의 정신이 철저하지 않은 한 벗어날 수 없을 것이다.

　이렇게 해서 법률도 특히, 정령(政令), 정책, 행정지도, 그 위에 개인 의 선택이 가해져 방사능은 점점 일반인에게서 멀어지고, 관계없는 것 이 되고 말았다. 한편, 원자로 중에서 방사능 자신과 그 제조원인 우라 늄과 플루토늄은 핵병기고 중에서 점점 증식하고 있는 것이다. 이것이 현대 사회와 방사능의 관계이다.

제6장

핵병기와 원자력

비키니 환초(環礁)에서의 수폭 실험

수비는 확실한가

핵병기와 원자로는 지금까지 논한 것같이, 엄한 법률로 취급하고 있는 실용 방사성 동위원소의 최대량과 상대가 안 될 정도의 많은 양의 방사능을 뿌릴 가능성이 있는 것이다.

예를 들어, 핵병기는 10kg의 우라늄이 폭발하면 270kCi의 스트론튬 90을 생성하고, 원자로는 100kW 때의 운전(대형 원자력 발전소의 1시간분) 후에 약 1kCi의 스트론튬 90을 생성한다. 이것은 각각 일반인의 취급 금지양인 0.1μCi에 대해서 2.7조배(핵병기의 경우)와 10억 배(원자로의 경우)에 상당한다.

이렇게 큰 수가 되면, 우리들은 이미 감각으로 알 수 없게 된다. 그러나 이 양의 계산은 핵분열에 관한 극히 기본적인 숫자를 알고 있으면 간단히 계산된다.

그래도 핵병기가 쓰이지 않는다면 또, 원자로가 정상으로 운전된다면 ICRP가 요구하는 엄한 판정 기준의 방사능도 방출되지 않는다. 지금까지 막대한 핵병기가 축적되어 이미 세계 에너지 총 생산에 상당한 부분을 점하는 원자력 발전으로 인한 사고가 일어나지 않은 것은 굉장히 놀랄 일이다.

이것은 물론 정치를 포함한 기술 발달도 중요한 요소이지만 본질적으로는 현대 사회가 아직 크게 보면, 건강하고 생존본능이 건전하게 활

동종의 생물은 싸움을 하지만 서로 죽이지는 않는다.

동하고 있기 때문이다. 그것도 매 순간 운전자의 판단에 의해 절대로 사고가 일어나지 않는다는 것은, 교통 규칙이 잘 되어 있다기보다 역시 당면한 공포가 각 개인에게 젖어들어 있기 때문이다.

생존본능 고장이라고 하는 것도 완전히 생각에서 제거할 수만은 없다. 이것은 그 사회에 고장이 나면 일어날 것이라고 말해지고 있다.

생태학의 창시자인 로렌츠의 중요한 발견 '동종의 것은 서로 싸우더라도 죽일 때까지는 싸우지 않는다'라는 것이 핵전쟁에도 맞을지 모르지만, 그래도 동물 사회에서는 실수로 동종을 죽여버리거나, 특히 환경이 비자연적으로 악화하면 동종을 서로 죽이는 일이 증가한다고 한다.

지금까지 일어났던 원자로 사망사고 중의 하나가(정말인지 확실 히 모르지만) 조작자(Operator)의 자살에 의한 것이라고 전해지는 것도 기분 나쁜 예감이 든다. 현대 사회는 전체로서는 건전하다고 말하지만 부분적으로는 여러 가지 병들어 있고, 그 병에 걸린 기관이 방사능 위험을 잘 회피할지는 자명하지 않다.

2

중성자 폭탄이라는 경종

수년 전의 일이지만, 미국 핵병기 리스트 중에 새로운 종류의 핵병기인 중성자 폭탄이 추가되어 있었다. 이 폭탄은 발표에 의하면, 유럽에서 압도적으로 우세한 소련 전차 병력에 대해 유효한 전술용 병기로 미국 브라운 국방부 장관에 의하면, "한정된 전투지역 외의 인원 살상을 적게 하면서 현존하는 전술 핵병기와 같은 정도의 치명적인 효과를 올릴 수 있다"라는 것이다.

중성자 폭탄이 대개 어떠한 것이고, 어떠한 효과를 가지고 있을 지는 전문가로서 상상하기 어려운 것은 아니다. 원자폭탄 효과는 폭풍, 열선, 순간 방사선, 즉 중성자와 순간적으로 나오는 감마선, 잔류 방사능이지만 특히 순간 방사선 중에서 전차의 두꺼운 철벽을 통과해서 인체에 큰 영향을 주는(제3장 참조) 중성자를 많게 하도록 디자인된 것이다. 물론, 다른 영향을 전혀 없게 하고 중성자만을 내는 폭탄이라는 것은 만들 수 없지만, 핵분열 물질은 핵융합 반응을 일으켜 중성자를 내기 쉬운 물질 예를 들어, 중수소, 삼중수소, 리튬, 베릴륨과 같은 것으로 싸서 소형 수소 폭탄으로 만들어 폭탄벽을 가능한 한 적게 해서 폭발력을 감소시킨 것으로 폭발력은 히로시마의 것보다 10분의 1 정도라고 한다.

이외, 미국에서는 더욱 잔류 방사능을 적게 한 폭탄 연구가 시작되고 있고, 이러한 핵병기 소형화는 핵병기를 쓰기 쉬운 것으로 하기 위한 노력과 로스앨러모스(Los Alamos) 등에 있는 병기용 핵과학 연구자들에게 흥미로운 테마이기 때문이라고 생각된다. 중성자 폭탄이든지 잔류 방사능을 감소시킨 폭탄이든지 소형 폭탄을 만드는 데 우라늄, 플루토늄보다 무거운 인공 초중원소가 필요하게 되고 그 제조는 그들에게는 대단히 흥미로운 것이다.

그러나, 원자폭탄에 핵분열 물질 없이 점화하는 것은 절대로 안 되고 원리적으로 어느 양(상당히 큰) 이하의 물질에서는 핵폭발(핵분열 연쇄반응)은 일어나지 않으므로 초소형 핵병기든지 방사능을 많이 감소시킨 핵병기 등은 아니다.

중성자 폭탄의 작용

중성자 폭탄에 의한 위협이 행해지고 있을 때 독일 주간지에 그 설명으로 대략 다음 페이지에 나타낸 것 같은 그림이 실렸다. 즉, 폭탄은 공격해 오는 소련 전차대를 향해 떨어져 그 한정된 전장 이외(유럽은 좁다)에는 영향을 주지 않고 소련 전차병을 죽이는 것이 목적인 것이다.

이 그림이 어느 정도 엉터리인가는 이 책을 처음부터 읽은 분은 금방 알 수 있을 것으로 생각된다.

우선 이 범위까지 죽을 것이라는 한계 부분은 아마 중성자선 세기가 폭탄 크기와 폭심지에서의 거리를 계산해서 700rem(인간의 치사량)이 되도록 한 것이라고 추정된다. 전차의 철벽은 중성자에 대해서 상당한 차폐 효과를 가지고 있지만 이것은 아마 계산하고 있지 않을 것이다. 그러나, 폭심에서 같은 거리에 있다면 전차 안에 있는 편이 안전하다.

제일 문제가 되는 것은 어떠한 죽음인가이다. 이미 제3장에 논한 것 같이, 치사량 정도의 피폭을 받아도 실제 죽는 것은 수 주간 후로 처음 수 시간은 느끼지도 못하는 것이다.

치사량의 수배 피폭을 받아도 즉시 몸이 약해지는 것은 아니다. 사실은 거기서 전차가 움직이지 않도록 하는 효과는 아마, 폭풍 열선효과가 있는 부분으로 그 외는 사실상 폭심에서의 거리와 차폐로 정해지는 피폭사까지의 평균 일수를 선고할 뿐이다.

중성자 폭탄의 효과. 전차 그 자체는 파괴되지 않지만, 인간을 살상한다고 한다.
그렇게 잘될 것인가는 비전문가로서도 의문이다.

이미 논한 것같이, 핵분열 물질량을 많이 감소시키는 것은 불가능하기 때문에 당연히 근처에 방사성 강하물이 내릴 것이다. 폭풍이 적다는 곳에서는 성층권과 대류권으로 올라가 버린 것보다도 국지적 강하물로 되는 부분이 많을 것으로 생각된다.

즉, 중성자는 그것이 무엇에 흡수될까에 의하지만 10개당 1개 정도의 방사성 핵종을 생성하니까 핵분열 물질을 0으로 한다고 해도 완전히 방사능을 동반하지 않는 깨끗한 핵병기를 만드는 것은 불가능하다.

4
중성자 폭탄에 의한 위협의 의미

최근, 중성자 폭탄이 화제가 되지 않는 것은 아마 그 효과가 별로 좋은 병기가 아니라는 것을 알게 되었기 때문이라 생각된다. 그러나, 여기서 무시할 수 없는 사실은 이러한 위협이 행해진다는 것과 일반대중에게 영향이 적다는 것이다.

전에 논한 작용에서 금방 알 수 있듯이, 중성자 폭탄은 전체의 병기가 그렇지만 그중에서도 가장 잔인한 병기이다. 예를 들어, 그것이 가능한(정말로 그런지 어떤지는 별도의 문제로) 한 비전투원을 포함시키지 않는다고 하더라도, 전투원에 대한 살상 방법은 특히 기분 나쁜 것으로 금방 상상될 것이다. 서양은 원래 전쟁에 법칙같은 것이 있어 상처가 낫기 어려운 덤덤탄 및 독가스 등은 사용하지 않는 것으로 되어 있고 맹독가스를 개발하고 있는 나라도 "전차로 공격해 올 예정이면, 가스를 뿌린다"라고는 세계의 여론이 염려되어 말할 수 없는 것이다.

어떤 것이 잔인한 병기인가는 일반적으로 서양 관습에 의해 정해지는 것이 아닐까 생각된다. "고기를 먹기 위해서는 가축을 죽여야 한다. 그 때문에 마음대로 죽여도 좋다"라는 생각이 그리스도교국 대식육공업의 기본적인 사상이다. 이 생각은 상당히 침투되어 있어 생선을 잡아 육지에 풀어두면 마음대로 죽여도 좋다는 식이다. 독일에서는 최근 강에서 낚시를 하려면 일반 면허를 받기 위해 시험이 필요한데 고기를 죽이는 방법을 모르면 그 시험에 통과되지 않는다.

그러한 기반이 있는 곳에서 중성자 폭탄과 같은 병기에 의한 위협이 행해지고 있다는 것은 실로 두려운 일이다. 미국과 같은 큰 나라에서 대통령이 그러한 것도 모르고 사용해 보자 하고 생각했을리는 없을 것이다. 유일하게 추정되는 것은 이러한 위협을 행하더라도 세상 사람들이 독가스나 세균병기와 유사한 것으로 생각하지 않을 것이라는 계산이 있었을 것이다.

이 사실을 증명하듯이 여론의 분노가 극히 조금만 보였을 뿐이라는 것으로 확인된다. 중성자 물리학을 연구하고 있는 내 연구실 옆의 교수도 이 적은 반응에 대해 놀라고 있었다.

그러니까 일반인들은 아직 방사능 작용의 그 무서움을 실감하지 못하는 것이다. 거의 잘 모르는 방사능 오염에 대해서 히스테릭해지기도 하고, 한편 미국 대통령에게 이러한 계산을 시켜 충분한 심의 없이 승인하는 것이다. 잘 살펴보면, 그것의 최대 원인 중의 하나는 국민을 방사능에서 격리하는 정책 때문이다.

한정 핵전쟁의 사상

여하튼, 어딘가에 전술용 핵병기 개발에 전념하는 사람이 있고, 핵군비를 하고 싶은 사람이 있어 그것에 의해 득을 보는 사람이 있는 한, 한정 핵전쟁이 정석대로 계획될 것이다. 일어날지 일어나지 않을지는 때때로 기회의 문제이고, 전술용 핵병기는 점점 소형화되고 강력한 보통 병기와 유사해져 가는 듯하다.

한편, 정말로 인류의 절멸을 목적으로 한 것 같은 전면 핵전쟁 준비에도 엄청난 예산이 미국 의회를 통과할 것이다.

지금 있는 위험은 정말 보어(Bohr)가 역설한 "핵전쟁은 무섭다. 각국은 핵병기 사용 가능성에 극히 주의해야 한다"라는 것이 실은 여기 40년 가까이(이렇게 길게 대전쟁이 없었던 일은 거의 없다) 계속되고 있었던 것이다. 그런데 눈 깜박할 사이에 병기의 진보 중에 분극이 일어나고 한번에 전부 죽일 수 있는 초강력 병기급과 보통 병기, 과거 히로시마급 핵병기 사이의 전술용 핵병기급으로 나누어져 온 것이다.

따라서 핵병기라고 해도 전술용 병기는 지금까지의 핵병기와 같이 세상의 압력을 받지 않게 되었다. 전면 핵전쟁이 심해지지 않으면 핵전쟁은 핵이니까 라는 금지 요구가 희박해지고 있다. 쌍방이 같이 멸망하고 마는 것은 전면 핵전쟁이기 때문에 한정 핵전쟁에서는 역시 이긴 편이 득이라는 계산이 나온다.

유럽에서 전쟁이 시작되면 전술용 핵병기가 사용될 것이다.

왜냐하면 이미 상당한 사람들이 생각하고 있는 것 같고, 일본에서 핵병기는 전면 전쟁에 사용되는 것으로 생각되고 있다. 유럽에서는 이미 상당한 피난소를 자신의 집에 만든 사람도 있고 평화 연구가로서 한때, 서독 대통령 후보 지명을 받았던 유명한 물리학자 바이츠제커도 자신의 집에 피난소를 만들어 두었다. 차폐와 비상용 기기, 특히 방사선 측정기를 놓은 피난소는 확실히 한정 핵전쟁의 경우에는 효과가 있을 것으로 생각된다.

6
전면 핵전쟁이 일어나면

전면 핵전쟁이 일어나면 당연히 끝이라고 생각하는 사람이 있지만, 이것은 그렇게 간단한 일이 아닌 어느 정도 그 추이를 추측할 수 있다. 최근, 미국 영화로서 〈그날 이후(The Day After)〉라는 것이 개봉되었지만 계속해서 피폭자가 죽어가는 모습 등은 확실히 히로시마, 나가사키 기록을 근거로 해서 만든 것이다. 따라서, 보는 데 어려운 점도 있지만 모두 지금 생각되고 있는 현상과 혼란 중에 일어나고 있는 것으로, 보고 있더라도 공부가 되는 점이 있었다.

지금, 현존하는 핵병기가 전부 사용되면 인류는 전멸할 것이라고 말

영화 〈그날 이후〉의 포스터

해지고 있다. 폭발만으로도 세계의 밀집지대 인구의 대부분을 전멸시
킬 수 있고 그 후, 일격이 남더라도 이윽고 방사능으로 전 사회조직이
파괴되어 인류는 예전에 정복한 하등동물에 의해 정복되고 말 것이다.
최근 독일의 록 음악에 〈공룡이 멸망한 것은 너무 커서 노아의 방주에
탈 수 없었기 때문이다(Die Dinosaurier - Lonzo)〉라는 곡이 있지만 다음
의 인공 시련에 있어서는 방주가 더욱 적어서 그것에 탈 수 있는 것은

아메바야, 너라도 살아남아다오!

치사량이 높은 아메바와 같은 하등동물과 방사능이 미치지 않는 심해
와 동굴 안의 생물만을 생각할 수 있다.

　여하튼 이 게임에 있어서는 정복자도 지독하게 당하게 된다는 것을
경고하는 것이다.

　전면 핵전쟁은 이론적으로 말하면, 한정 핵전쟁보다 훨씬 일어나기
어렵다고 생각된다. 이는, 어느 쪽도 이득이 없기 때문이다. 그러나, 핵
전력을 전략적으로 쓸 가능성이 있다고 생각하는 집단이 확실히 있다.

　하나는, 억지력(抑止力)으로서 그 힘 때문에 상대가 함부로 덤비지 않
는다는 생각과 또 하나는, 일방적으로 반(半) 전면 핵전쟁을 행한다는
생각으로 소위, 핵 선제공격으로 서로 싸우기 전에 적을 전멸시키고 마
는 것이다.

전면 핵 전쟁이라는 것은 현대 문명 멸망의 구체적인 형일지도 모른다. 이미 논한 것같이, 보유한 원폭·수폭을 전부 점화해서 전 인류를 폭사, 약사, 피폭사시키려는 것은 사실상 어렵지만 전략적 핵 공격, 즉 밀집 인구에 대한 대량 공격을 지금의 진보한 핵병기로 한다면 2차 대전에서는 상상도 할 수 없었던 대혼란이 일어날 것이다. 또한 사회적 불안으로 제2차 대전에는 남아 있던 현대 문명도 이윽고 침몰하게 되는 것은 당연할 것이다.

유럽에 있으면 석조 건축의 전통 때문에 어느 곳에서도 과거 대문명의 폐허를 본다. 또, 토인비는 하나의 문명의 생명은 400년이라고 한다면 지금의 과학을 힘으로 하는 문명은 르네상스에서 시작하여 이미 400년이 지난 것이다.

방주에 일본인이 탈 수 있을까 어떨까? 이것은 운에 관한 얘기가 아니다. 또, 다음의 문명에 대해서는 도저히 상상조차 할 수가 없다.

7

평화적 해결 수단은 없는가?

군사 전문가의 의견을 들으면서 어떻게도 할 수 없는 장래의 길을 생각하고 있으면, 더욱 생생한 인간의 소리가 들려온다. "어떻게 해서 사람을 죽이는 그런 도구를 만들지 않으면 안 되는가. 서로 말해서 중지할 수 없나"라는 물음에 과연 군사 전문가의 답은 어떤지 듣고 싶다.

일본의 부친이라면 아마 "그렇게 간단하게 막을 수 있다면 문제없지"라고 답하는 것이 보통으로 그것은 정말일지도 모른다. 그러나, 그것으로 대답이 된 것이 아니고 왜 말로써 멈출 수 없을까를 조금 생각해 볼 필요가 있다.

일찍부터 이 문제를 염려하고 있던 유카와 히데키(湯川秀樹) 박사가 세계연방 수립을 반복해서 주장한 것은 주로 핵전쟁을 방지하기 위해서이다. 물론 박사 자신도 사실상 불가능에 가깝다는 것을 알고 있었다고 생각되지만 별도로 그것은 전 세계를 하나로 하는 것이 아니고 이것 즉, 핵전쟁이나 방사능이라는 것만의 세계 공동체로도 좋다고 생각한다.

이것은 이미 전례가 있고 유럽의 경제 공동체 역시, 유럽의 경제 안정에 기여하고 있는 것이 아닌가라고 생각한다. 경제전문가로서는 경제 불안이라는 것이 전쟁과 침략의 근본이므로 만약 이러한 것이 유익하다면 대단히 좋은 것이다.

왜 이것이 어려운가를 몇 가지 생각해 보면, 역시 현대 문명의 기초가 되고 있는 근대 국가의 개념이다. 적이라고 하면 그것은 싸움 상대 외의 나라만이 아니라, 방사능이 적이라는 표현은 근대 국가를 사회의 최고 중요한 단위로 생각하는 현대의 궤변에 불과한 것이다. 아무리 사회주의를 도입하거나 민주주의를 도입하더라도 그것은 개인을 나라라는 집단에 고정하는 역할에 그치지 않고 강하게 그 근원을 막으면 오히려 그 나라의 이기주의를 완전히 정당화하는 것밖에 안 된다.

그러면 지금, 특히 관료주의에 깊이 빠져 있는 근대 국가주의는 없어지지 않을 것인가. 그렇지 않다. 그것은 근대 국가라는 개념이 그렇게 인간 사회에 오래된 것이 아니고 기껏해야 400년 정도 된 것이기 때문이다.

8

스웨덴의 묵도

　　내게 서독으로 가는 계기를 만들어 준 옌젠 교수(J. Hans D. Jensen, 1963년 노벨물리학 수상)는 물리학뿐만 아니라 일반 문화론에도 조예가 깊고 특히, 중세유럽 예술에 깊은 관심을 가지고 있는 분이었다. 그는 "13, 14세기에는 놀랄 정도로 많은 음악가와 예술가들이 있었고 그 사람들이 유럽 문화를 만들었다. 그들에게는 국경이 따로 없었고 그 가운데 뛰어난 사람들 대다수가 자신의 고향에서 죽지 않았다. 지금은 과학자들이 그렇게 변해 간다"라고 하였다. 이 당시와 같은 경향이 역으로 오는 듯하다.

　　'세계 연방이 가능할까? 핵전쟁은 막을 수 있을까?'라는 것은 오로지 사람들에게 어느 정도의 개인 의식이 있는가와 근대 국가의 일원인가에 따라서 결정되기 때문에 근대 국가는 전쟁 해소의 주체가 되어야 한다.

　　지금도 세계 사람들이 전부 근대 국가에 속해져 있지 않는 실증으로

히로시마 원폭 기념일의 집회 준비를 하는 스웨덴 사람들(제공·에테보리 포스텐)

써 최근 즐거운 경험을 했다.

　어느 스웨덴 사람으로부터 들은 이야기로 어느 여름날 급한 사이렌이 울려서 뭔가 했더니 히로시마 원폭 기념일 묵도였다고 하였다. 핵병기의 폐쇄라고 하는 것은 어느 한 나라만의 운동으로는 힘이 없고 세계의 운동으로 시작해서 힘이 나오는 것이다. 스웨덴이라는 나라는 국민 수준이 높고 중립 정책을 옛날부터 하고 있다. 지금은 여러 가지 국내의 어려운 문제가 있지만 이러한 나라가 있다는 것은 세계로서는 좋은 일이라고 생각한다.

근대 국가를 개인이 탈퇴하면서 핵병기는 인류의 적이라고 하는 개념이 구체적으로 되어졌다. 그러나 역으로 핵병기는 인류의 적이라는 인식에 의해, 근대 국가로부터 탈퇴할 수 있을지 모른다. 전에 전면 핵전쟁, 오버킬에 관한 것을 쓰면서 만약 인류가 절멸한다고 한다면 그 후 어딘가에 생물이 살아 있는 것이 전체 생물이 죽어버리는 것보다 좋다고 생각할 수 있다. 그러나 아메바나 심해어에게 친근감을 느낄 때까지 가기 전에 인류에게 더욱 친근감을 느끼고 싶다면, 우리들로서는 가장 친근감이 없고 가장 위협스러운 또 가장 잔혹한 적인 방사능의 위험과 우리들이 현재 살아 있는 사회의 움직이는 방법을 더욱 잘 알 필요가 있다.

병기고에 들어 있는 핵탄두는 정신이 이상해지기 전에 가능한 한 없애야 한다.

9

원자로, 폐기물의 처리는 확실한가

원자로 사고는 그 규모에서 전면 핵전쟁과 같이 되지는 않는다. 또, 상당한 대형 사고가 일어났다 해도 나오는 방사능은 전술용 핵병기에도 미치지 않을 것이다. 핵병기는 순간적으로 많은 방사선을 내지만,

원자로 사고는 훨씬 천천히 방사선을 낸다. 침묵하는 방사능은 핵병기보다 많고 또, 그것은 장반감기로 기분 나쁜 것이지만 그래도 대부분은 우선 이리저리 흩어지지 않는 것이다.

핵병기는 도망가기는 어렵지만, 원자로 사고의 경우에는 지역적으로 대오염이 일어나서 산업에 손해를 줄 수가 있지만, 대부분의 경우 도망칠 수 있다. 경제적인 손실은 돈으로 해결할 수 있다는 이야기이다.

원자로에 대한 반감은 최근 확실히 적어지는 듯하다. 그것은 안전 때문에 여러 가지 방책이 신용되어 온 것에 의해서이지만 무엇보다도 범세계적인 무사고 기록이 있었기 때문이다.

또 하나의 반대론에 대한 반증은 원자로가 안전 면을 제외하고 에너지원으로써 뛰어난 점을 가지고 있는 것, 그중에서도 연기를 내지 않아야 하는 것으로 항상 방사능의 방출은 석탄을 태워서 나오는 방사능보다 적다는 것도 지적되어 있다. 자원도 석탄보다 훨씬 풍부하고 고속로가 잘 되면 자원은 무한정이다.

고속로는 기술적으로는 보통로보다 훨씬 어렵지만 프랑스에서는 이미 수년간 시험 운전에 성공하고 있다. 곤란한 점은 그것을 운전함에 따라 생기는 플루토늄이 연료뿐 아니라 핵병기로도 유효하게 쓸 수 있기 때문이다.

또, 우라늄은 석유에 비해 훨씬 저장이 쉽고 안전하다.

그러나, 원자력 안전에 문제가 되는 것은 원자로뿐만이 아니다. 연료의 재처리라고 하는 골치 아픈 문제가 있다. 내 생각엔, 대단히 간단한 원자로와 비교해서 훨씬 기분 나쁜 것이다. 특히, 연료를 한번 액체로 한다는 것에 문제가 있고 대개의 나라에서는 지금까지 이 문제를 무시하고 원자로를 운전하고, 프랑스까지 이 위험한 것을 옮겨 처리하고 있다. 역사적으로 보더라도 원자로를 훨씬 상회하는 사고가 일어나고 있다(제2장).

10

스리마일섬에서 울린 경종

스리마일섬 사고는 전에 조금 말했지만, 이것은 66만㎾의 대 원자력 발전로가 거의 파괴되고, 그 때문에 1000만 Ci의 방사성 가스가 방출되었지만 결국, 한 사람도 피폭자가 나오지 않았다는 것은 대단히 의미가 있는 일이다.

경과를 읽어보면, 이 사고는 대단히 천천히 일어나고 천천히 처리한 것이다. 전체 원자로 사고가 이러한 경과를, 할 수 있는 것은 아닐 것이다. 그러나 한 사람의 희생자도 내지 않은 이 사고에 미국 국내에서는 공식적으로 대조 사단을 파견하고, 또 민간에서는 많은 책이 발행되기도 했다. 그러나, 이것은 교훈은 주었으나 미국 이외에서는 일어날 수 없는 사고이다 등의 무의미한 결론만 난 것으로 생각된다.

이에 대한 개인적인 생각으로는 사람들 특히, 책임자들이 어떻게 하더라도 사고의 발생 가능성은 절대로 부정할 수 없다. 그러나, 원자로 경우에는 핵전쟁의 경우보다 훨씬 우리들 자신을 방사능에서 방위하기 쉽다.

스리마일섬의 사건은 그러한 의미에서 원자력을 개발하기도 하고 관리하기도 하는 사람들에게 충격을 준 점은 크게 유익한 것이었다고 생각한다. 충격을 주었다고 하는 것은 "우리나라에서는 일어나지 않아"와 같은 우둔한 성명이 증거라고 생각된다. "천재(天災)는 잊어버린 때 온다"라고 말하지만, 인재(人災)도 마찬가지이다. 성공했다고 생각했을 때 "일어날 수 없는" 사고가 한 사람의 희생자도 내지 않고 일어난 것은 대단히 운이 좋았던 것이다.

정말로 어느 정도 안전할지의 판정은 나중에 일어난 사고의 횟수에 따라서 (단순히 방사능이 누출되는 사고까지 세어서는 안 된다) 판정해야 할 것으로, 현재는 가능한 한 그것을 적게 하기 위해 또, 사고에 의한 사자(死者), 강도 피폭자를 가능한 한 적게 하도록 노력하는 수밖에 없다.

제7장

바빠진 계몽과 방재

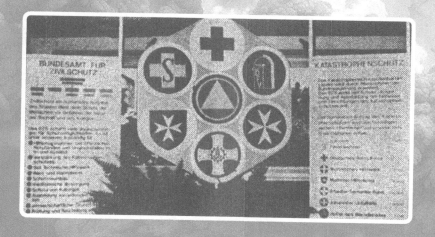

서독의 각 시민 방위 단체의 마크

방사능을 여기저기 뿌려라!

지금까지 논한 것을 요약하면, 다음과 같다.

우선, 현대 사회와 방사능의 접점은 세 가지가 있다. 그것은

1. 의료를 주로 하는 방사성 동위원소의 이용

2. 원자력 발전을 주로 하는 원자로에 모이는 방사능의 위험

3. 핵병기 사용에서 방출되는 방사선과 잔류 방사능의 공포이다.

제1의 것은, 총량으로는 제2, 3에 비해 적지만 조정을 쉽게 할 수 있고 그리고 현재는 엄격한 규칙으로 취급을 규제하고 있다. 대규모의 피해가 나온 것은 아직 없다.

제2의 것은, 사고가 없으면 잘 조절되고 있지만 만약 사고가 일어나면 경우에 따라서는 다수의 비참한 피해자를 낼 가능성도 생각할 수 있다.

제3의 것은, 만약 사용된다면 이것은 히로시마, 나가사키의 재현으로 가장 적은 영향이라도 원자로 사고로 생각할 수 있는 최대의 것과 필적할 것이다. 전면 핵전쟁은 인류를 절멸시킬 가능성이 있다.

따라서, 이장에서는 최후에 이것들에 대한 구체적인 대책을 의논하려고 한다. 제1의 위험에 관해서는 일단 말할 것이 없다.

제2의 원자로에 관해서는 지금까지 무사상 사고(발전소에 관한 한)의 영광을 만들어 온 안전 방식이 있으니까 이것도 특별히 말할 필요는 없지만 만약, 위험량의 방사능 방출이 있을 경우에 피해를 대폭 경감할

수가 있다는 이 방법이 지금부터 논할 요점이다.

제3의 핵병기는 이것이 목표로 폐지보다 좋은 방법은 생각할 수 없다. 이것은 입으로 떠들 수는 있어도 그렇게 간단히 현실화될 수 있는 것이 아니고 근대 국가 의식의 폐절이라는 어려운 단계를 거쳐야만 한다. 그러나, 이 제3의 점에 우선 대처하기 위해서는 제2의 점에 대처하는 노력과 더불어 방사능에 대한 계몽과 만일의 경우에 대한 방재책의 확립으로 비교적 위험이 적은 방사능 이용의 보급과 그것에 따른 측정기의 대중화를 검토해야 한다.

2

"준비하지 않으면 걱정 없다"라는 좋지 않은 생각

일본의 원자력 개발은 나의 은사 사가네 료키치(嵯峨根遼吉) 선생의 열성적인 진언에 의해 국가 정책으로 진행되어 왔다. 처음에는 반대가 수년 전에 있었던 반대 시위보다 더 강했으나, 아직 실용화가 되지 않았던 시대의 일이고 지금은 잘 적응하여 일본의 대 에너지 소비의 20퍼센트를 차지하게 되었다.

으레 정부의 주도 아래 시행되는 듯하지만 사실은 담당 관청인 과학 기술청의 원자력국에서 2, 3년마다 바뀌는 담당과장, 국장 등은 책임질 입장이 되지 못한다. 따라서 실제 추진자는 일단 민간의 원자력 발전을

원자력 위원회는 과학기술청의 청사에 동거하고 있다.

처음으로 하는 기업이 해온 것으로밖에 생각할 수 없다.

　원자력에 관한 정책 입안 검토의 최고기관은 일단, 정부의 위원회로 있는 원자력 위원회이지만 특히 안전 확보는 원자력 개발이 필수 불가결한 대전제로 있다는 견지에서, 쇼와 53년(1978년) 이후 원자력 위원회와 동격의 원자력 안전 위원회가 설치되고 그 일을 담당하게 되었다.

　나중에 생각해 보면, 쇼와 53년은 서독 등을 시작으로 원자력에 대한 재비판이 심하게 되어 왔기 때문에 "원자력의 안전성에 관해서 국민의 이해와 신뢰를 얻기 위해 금후에도 원자력 안전 규제 및 시책에 전력을 다하고 이 성과를 적극적으로 공표해가는 소존(所存)"(쇼와 58년판 『원자력 안전 백서』 머리말)에 따라 국민의 불안감을 누르기 위한 목적으로 설치했다고 생각된다.

나쁘게 말하면, 서문에 "금후에도"라는 말이 반복되고 있는 것으로 미루어 보아 지금까지 안전을 이룩해 온 사람들의 신용을 들어서, 국민을 정부에 "의존하게 하기" 위한 기관으로서만이 아니라 오히려 그러한 관제화에 따라 정말로 위험한 일이 생겨나지 않을까 생각한다.

3

『원자력 안전 백서』의 내용

이러한 생각에서 출발하면 국민의 이해와 신뢰를 얻기 위해서는 과거와 현재의 안전 데이터와 대책의 선언, 만약 일어난다면 하는 것은 가능한 한 생각하지 않는 편이 좋다는 결론이 나오는 것은 당연하다. 스리마일섬 일대조차 불안감을 줄 것을 염려해서 준비되어 있던 요오드의 정제(錠劑)는 배포되지 않았다고 한다.

정부 측의 사람들은 "기업도 사업의 가능성은 감추고 있지 않는가"라고 할지 모르지만 그것은 자신들의 위험에 대해 하고 있는 것으로 본질적으로는 책임이 없는 정부가 하고 있는 것과는 다른 것이다.

이러한 배경에서 자연스럽게 나오는 생각은 "준비하지 않으면 걱정 없어"라는 생각법이다. 현재 원자력 안정에 관여하고 있는 사람들에 한하여 만약이라는 가정을 생각하는 것조차 싫어한다. 현재, 체제(體制) 측의 사람들이 취하고 있는 태도는 절대 안전한 원자로를 만들어 방사능을 하나도 내지 않는 것이다. 후자에 관해서는 도쿄의 하늘에 있는 매연을 없앨 정도의 기술력이 있는 현재는 가능하다는 주간지의 PR 이야기, 즉 원자로에 의한 환경 피폭은 X선 진단을 할 때보다 적다는 것은 정말인가(실제는 조사해 보면 좋겠지만…). 전자에 관한 나의 의견은 몇 번인가 말했다.

이러한 태도를 수치심도 없이 내고 있는 것이 정부의 공보지인 『원자력 안전 백서』이다. 처음 내가 이것을 산 것은 사고 대책에 대한 글을 쓸 때 지금 어느 정도의 대책이 행해지고 있을까의 수치, 예를 들어 몇 개의 원자로로부터 어느 정도의 거리에서 방사선이 측정될 수 있을까 또, 피난소의 준비 등을 정확히 조사한 후 그에 대한 비판을 쓰려는 것이다.

그런데 정말 놀란 것은 760페이지가 넘는 대보고 중에서 긴급 방재 대책에 관해서는 단지 28페이지만 쓰여 있을 뿐이고 그 내용도 전혀 무의미한 상식적인 것에 지나지 않았다. 모니터카(monitor car)라는 사진이 한 장 나오는데, 실제로 어느 정도의 측정기가 어디에, 어떻게 장치되어 있을까 등에 대한 언급은 전혀 없었다. 또한, 서독에는 이미 주간지 수준에서 문제되고 있는 피난소의 문제 등은 전혀 서술되지 않은 조잡한 것으로 여기에 소개할 가치도 없는 것이다. 직접 보고 싶은 분은 서점에서라도 읽어 보기 바란다(『원자력 안전 백서』58, 원자력 안전 위원회 편, 140~164, 455~469, 725~730페이지).

여하튼 간단히 말할 수 있는 것은, 만약의 사고 가능성에 대해서는 의식적이든 무의식적이든 간에 가능한 한 말하지 않는 것으로 하고 있다. '무츠'의 경우에는 결국 방사능 대신 돈을 뿌린 것으로 인명에는 무사했지만 더욱 걱정스러운 문제가 많이 남아 있고 그 문제에 대한 정부의 태도를 믿을 기분은 아니다.

즉, 이러한 비판에 대해서는 "다른 외국에서도 하고 있지 않다"라고 할지 모르지만 그렇다면, 미국의 원자로는 사고를 일으키더라도 우수한 일본의 원자로는 사고를 일으키지 않는다는 식의 태도는 그만두어야 한다고 생각한다.

4
반대파의 책

『원자력 안전 백서』를 사서 즉시 소위 '반대파' 쪽도 검토해 보려고 의혹파의 사람들이 쓴 한 책을 사 보았다. 그 겉장에 "지금 일본에서 원자력 발전(이하 원발)의 대사고가 일어난다면—유감스럽게도 현재 일본에는 실제로 주민에게 도움이 되는 방재 계획이 존재하지 않는다. 과거의 사례를 통해, 원자력 재해에 어떠한 대처를 하면 좋을까를 생각한 다"(다이아몬드사, 小野周, 安齋育郎 편, 『원자력 사고의 안내』)라는 것은 사실 그대로이다.

"원발 추진 입장의 사람들이 방재 대책이 필요로 하는 사고 등은 일 어날 리 없다고 주장하는 것에 반해서, 원발 입지에 반대하는 사람들 중에는 방재 대상의 근본은 원발의 철거에 있고 여러 가지 방재에 대한 준비 등을 논하는 것은 원발 입지를 전제로 하는 굴복이라고 주장하는 사람도 있다."

"예를 들어, 그렇게 생각할 때 현재 움직이고 있는 원자로가 사고를 일으킬 가능성이 없지는 않다. 역시 방재 대책에 관해서도 현실에 입각 한 검토를 해 둘 필요가 있고 그것만이 현상에 대해 책임을 지는 태도 라고 생각한다." 등이 쓰여 있고 일찍이 '절대 반대'의 입장에서 생각하 면 이상한 생각도 들지만 지금까지의 정부의 태도에 비하면 훨씬 좋다 고 생각한다.

단지, 서글픈 것은 사고에 대한 생각을 너무 비관적으로 보는데 물 론 사고가 악화하면 그러한 염려가 있다는 지적도 많고, 방재 계획으로 써 기술되고 있는 것은 모두 수동적인 것뿐이다.

내가 주장하는 것은 훨씬 크고 유효한 수단으로 이것은 『원발 사고 의 안내』를 정직하게 읽을 수 있는 사람이면 이해할 수 있는 것이다. 이 책에서는 사고가 났을 때 어떠한 정보에 의거할 것인가에 대해 서술하 였다. 그 해석을 전혀 주민 자신이 방사능 측정의 가능성이 없다고 하는 가정이 서 있지만, 거기서 만약 그리 많지 않은 사람 등에 대해서 한 개의 측정기와 그것을 바르게 사용하는 능력이 있는 사람이 있으면 사고 후의 안전은 상당히 확보하기 쉬운 것을 금방 알 수 있을 것이다.

5

시민 방재망의 확립

가능한 많은 방사선 측정기가 일반인 예를 들어, 의사, 학교 교원, 또는 그 외의 모든 관심이 있는 사람들의 손에서 항상 작동 상태로 있게 해 둘 것 그래서, 그것을 항상 사용하고 있는 사람들이 방사선의 측정, 차폐 등에 대해서 충분한 지식을 가지고 있어 만약 방사능이 새어 나왔을 때 가장 유효한 방위책이 될 수 있다는 것은 지금까지의 의견으로부터 이미 자명한 것이다.

스리마일섬의 사고 기록을 읽어보더라도 또, 예의 미국 영화 〈그날 이후〉를 보더라도 일단 방사능의 구름이 가까이 온다는 정보가 들어오면 국민은 단번에 혼란에 빠진다. 그리고 사고 시에는 유언비어가 남발하기 때문에 특히 방사능과 같이 보이지도, 느낄 수도 없고 단지 대량으로 맞으면 치사(致死), 암, 유전 장애를 일으키는 것이 알려져 있다면 이것은 더욱 유언비어에 의한 영향이 클 것이다. 그리고 방사능의 경우에는 어떻게 오는지 확실히 모르기 때문에 정말로 기분이 나쁜 것이다.

측정기가 있으면……. 측정기가 없으면…….

『원발 사고의 안내』에 의한 '무용의 혼란을 피하기 위한 유의점' 등, 어린이를 속이는 정도에 지나지 않는 것이지만 직접 자신이 측정기를 가지고 있지 않는 한 이 정도의 대책에 지나지 않는 것은 당연하다.

이것에 반해서 측정기가 있으면 우선,

1. 자신이 있는 곳의 방사능 수준을 측정할 수 있다.

2. 피난소를 찾을 수 있다.

3. 음식물의 오염을 측정할 수 있다.

이와 같이, 만약 없을 때의 혼란에 의해 일어나는 사상자의 수를 격감할 수 있고 또한, 정말로 불필요한 피폭을 피할 수 있다. 방사능 위험의 최대 특징은 보이지 않고, 느낄 수 없는 것이기 때문에 실제로 측정기가 약한 값을 관측해서 사람들을 안심시키는 유익한 방법으로 쓰이기도 하고 때로는, 정말로 사람들의 생명을 구하는 것도 적지 않을 것이다.

6

왜 시민 방위가 있어야 하나

이러한 생각을 말하면 어째서 시민 방위가 좋을까라는 질문에 접하게 된다. 소방서와 경찰서에서는 왜 안 될까라는 의문이다. 그중에서는 그 편이 통제하기 쉽지 않을까 하는 사람도 있지만 이것은 절대적으로 그렇지 않다.

우선, 그러한 방사능 사고라는 것은 일어나면 큰일이지만 그렇게 자주 일어나는 것은 아니다. 그러니까. 그것을 위해 대량의 측정기를 준비해 두는 것은 곤란하다. 나중에는 먼지가 쌓여 방치되어, 급한 일이 일어났을 때는 동작하지 않게 되기도 하고 쓰는 방법을 모를 수도 있을 것이다.

다음으로, 측정기를 차폐의 문제와 관련시켜 잘 사용하는 것은 그렇게 간단한 일이 아니고 그 지식을 항상 충분히 가지고 있는 사람을 확보해두는 것은 그리 간단하지 않다. 물론, 소방서가 측정기를 가지고 있는 것은 좋은 일이지만 더욱 확실하게 유효한 방재망은 방사능 사고 방지의 전문가가 아니고 비교적 약한 방사능을 실제로 자주 사용하고 있는 사람들의 존재이다. 따라서 그 실용을 위해 방사선 측정기가 항상 작동되는 상태가 좋은 것이다.

실은, 과학의 진보가 현재와 같은 통제적 관료주의에 심하게 방해되지 않고 발전해 가면 더욱 이것에 가까운 상태가 자연적으로 되어 있었을 것이다. 전에 논한 것같이, 방사능 사용은 그것이 전혀 문제가 되지 않을 정도의 양이라도 하나하나 통제되어 허가, 검사, 면허, 고가의 시설이 없으면 허가하지 않기 때문에 극단적으로 억압되어 있다. 의사라도 대병원이 아니면 함부로 쓸 수가 없다. 최소한 대병원에서 방사성 동위원소가 쓰일 수 있는 것이 다행한 일이다.

만약 모든 의사가 간단한 방사선 측정기를 진단에 쓴다면, 의료 기술의 진보로 인한 도움을 받은 사람의 수가 훨씬 늘어날 것이다. 그 때문에 피폭량이 느는 것을 염려하는 사람도 있겠지만 그것은 많은 사람이 사용함에 따라 피폭을 피하기 위한 방법과 지식 등이 보다 발달하거나 또는 역으로 진정한 피폭은 줄어들지도 모른다. 사실, X선의 보급과 기술의 발전, 지식의 보급에 의해 X선 장해는 옛날보다 줄어들었을 것이다.

자연히 그냥 두면 점점 이러한 상태에 가깝게 갈 것을 간섭하고, 국민을 방사능에서 격리하고 그 때문에 오히려 더욱 위험한 무방비 상태를 생기게 하는 것이 현재의 '방사선 장애 방지법'인 것이다.

정말로 의사들이 대량의 측정기를 작동시킬 수 있게 되면, 긴급 시의 방재가 어떻게 발전해 갈 것인가는 『원자력 안전 백서』의 문장 등이 없더라도 자명한 것이다.

도입은 자연적인 형태로

그렇다면, 현상을 타파해서 가능한 빠른 방재 체재를 더욱 자연적인 형태로 돌리기 위해서는 어떻게 하면 좋을 것인가. 우선, 이것이 또 행정 지도적으로 되지 않을 것은 확실하다. 적어도 일본의 원자력 개발이 성공한 때와 같이 책임 관할을 민간으로 옮기는 것이 필요하다. 우선, 식자(識者)로부터의 압력에 의한 '방사선 장애 방지법'의 개정과, 이익이 없으면 사용할 수 없도록 하는 방사성 동위원소에 대한 압력의 배제이다. 극단적으로 말하면, 안전하다면 장난감도 방사능을 써도 좋다는 것이다.

예를 들면, 다음에 자세히 논하겠지만 컴퓨터에 방사능 측정기를 부착하면 조금의 플러스로 가능하다. 이것을 교정하기도 하고, 실험에 쓰기 위한 약한 방사선원은 반드시 무엇인가 도움을 주는 목적이 아니더라도 일반 사람들에게 주어지는 편이 방재, 계몽에 도움이 된다. 그러나 가장 자연적인 측정기와 방사능의 보급 장려법은 의사들에게 폭넓은 기회를 주는 것이라고 생각한다. 특히, 비교적 안전한 방사능 사용의 간이화, 적어도 법률에 대한 절상(제출서를 내서 사용할 수 있는 한계를 올리는 것)은 가능한 빨리 실시해야 한다.

즉, 이러한 비교적 안전한 동위원소 이용법의 장려가 우려하는 사람들 또는 단체에 의해 행해지는 것이 오히려 좋다고 생각된다. 그러나

나의 컴퓨터는 방사선도 측정할 수 있으니까, 이번 방학에는 우라늄 광산을 찾아보자.

이것은 우선, 전자의 편으로 해두지 않으면 효과가 없다. 단지 제5장에 논한 것처럼, 법률의 정의에 걸리지 않는 약한(물리적) 방사능이라도 쓰는 길은 있지만 이러한 것에서 가능한 빨리 시작하는 것이 다음 사고가 있을 때 공헌할 수 있게 된다.

현대 고도기술제품 보급의 놀랄만한 빠르기 예를 들면, 자동차의 보급률, TV, 전화, 컴퓨터 등의 개인이 갖는 것과 전문가가 갖는 X선 장치, 컴퓨터 단층 촬영기 또는 방사능과 관계있는 곳에서는 신테 카메라 등의 보급을 보면, 보다 좋은 용도로써 간단한 방사선 측정기의 보급으로 원자로 사고와 한정 핵전쟁 등이 일어났을 때, 사람을 구하는 데 있어서 대단히 용이할 것이다. 이미 논한 것과 같이 10인의 의사에 한 개의 측정기 정도는 효과가 있을 것이고, 고교생 이상의 학생

100인 중 한 명이라도 다른 사람에 비해 다소 능력 있고, 방사능까지 측정할 수 있는 컴퓨터를 가지고 있다면 방사능의 수비는 훨씬 강하게 된다.

8

베테와의 만남

수년 전의 일이지만, 우연하게 H. 베테 박사와 약 1시간 동안 이 문제에 관해서 말할 기회가 있었다. 베테 박사는 제1장에서 논한 태양 에너지가 원자핵 에너지로 있는 것을 증명하여 1967년 노벨상을 수상한 사람이지만, 그의 노벨상은 너무 늦었다는 비판이 있었을 정도로 원자핵 물리학 발전에 공헌한 사람이다.

1936~7년에 쓰인 베테 박사의 논문은 우리들이 교과서로 쓴 것으로 현대 핵물리학의 기초를 이룩한 사람이다. 원래는 알자스에서 태어난 사람이지만, 미국에 옮겨 전시 중에는 맨해튼 계획에 참가, 전후의 수폭에도 관계했다고 전해진다. 최근에는 원자력 문제의 주체 중 한 사람으로 있으면서 혼자서 핵전쟁을 우려하는 성명을 내는 등의 활약도 하고 있다. 원자핵물리를 자신이 만들고 그 역사에 일생을 걸고 살아온 사람이다. 지금 80세의 고령임에도 불구하고 제일선에서 활약하고 있고, 내가 만났을 때는 코펜하겐의 닐스 보어 연구소에서 수개월간 체재

H. 베테 박사

하면서 초신성의 폭발과 중성자성의 생성 이론을 제자인 G. E. 브라운 박사와 함께 쓰고 있는 중이었다.

내게 베테 박사와 말할 수 있는 기회를 만들어 준 것은 브라운 박사로서 우연히 닐스 보어 연구소 근처 중국 요리점에서 혼자 식사를 하고 나오려는데 그가 베테 박사와 들어온 것이다. 브라운 박사는 옛날부터 친구였기에 나의 생각에 대한 베테의 반응을 물었다. 지금까지 상당히 여러 사람에게 나의 생각을 말해 왔지만 이번처럼 금방 그 내용을 이해하여 준 것은 정말 처음이었다. 그는 요점을 금방 이해한 후, 그 당시 내가 생각하고 있던 방재 우선 그리고 계몽에 도움이 될 안전 방사능의 보급이라는 것에 대해서 "여하튼, 지금 가장 긴급한 문제는 계몽으로, 방재보다 우선적이어야 한다.", "현재는 극히 열악한 상황으로 우리나라(미국을 의미)에서는 이미 새롭고, 보다 안전한 원자로의 설계를 제창하는 것조차 할 수 없게 되었다. 그러한 것을 말하면, '그러면 이전에 말한 최종적 절대 안전이라는 것은 거짓말이었나'라고 반박하는 것이기 때문"이라고 한탄하였다〈문책(文責)필자〉.

베테의 원자력에 관한 의견은 대단히 교육적인 것으로 블루백스 『원자력에의 도전』(보단스키·슈미트 저, 江民左泰·美世子譯)의 '서(序)에 대신해서'에 나와 있다.

9

계몽과 방재의 관계

베테와의 만남 이후 나는 계몽을 우선시하게 되었지만, 계몽과 방재는 서로 떨어질 수 없는 것이다. 그러나, 정확하게는 같은 차원이라는 것보다 베테가 말하는 것처럼 계몽이 기본적이다. 내가 제창하고 있는 시민 방재는 계몽을 제1의 기초로 하고 있는 것이지만, 관료 방재체제는 이것과는 대조적으로 '지시·지도 또는 조언에 결함이 없는 시기'라고 하기도 하고, '전문가로 구성된 조직체제를 상시 정비, 유지'하는 것으로 시민의 계몽 등에 대해서는 한 마디도 나오지 않는다.

이론을 알고 있어도, 응용이 듣지 않으면 아무것도 안 된다.

또 하나 계몽에서 특히 중요한 것은, 핵전쟁 방지의 방향으로 향하고 있다는 것으로 이는 오랫동안 영향을 줄 것이다. 학교 등에서도 우리들의 신변의 것으로 방사능을 실감해야 한다. 방사능이라는 것이 겨우 TV가 내뱉는 숨과 같은 것으로 체제파의 PR이 말하는 것처럼 원자로에서 나오는 것만 아니라면 실생활에서는 잊어버려도 되는 것이 아니다.

현재, 계몽이라는 것은 일반 주부와 어린이에게 무엇인가를 가르치는 것이 아니다. 또 그것을 목적으로 하는 것도 아니다. 만약 계몽하지 않을 경우, 예를 들어 국민의 대표로 있는 대의사(代議士)나 공업(公業)으로 있는 경관과 같은 사람들이 지금과 같은 격리 정책에 침투하고 있으면, 방사능을 실감할 수 있는 것은 겨우 저 TV를 통해 뿜어지는 숨 정도일 것이다.

즉, 긴급 시에 측정기가 어느 정도 잘 사용될 수 있을지 없을지에 따라 사망자의 수를 정하는 것도 전부 계몽에 따르는 것이다. 또, 학교의 시험 공부도 아무리 이론을 암기하고 있어도 문제집을 해보지 않았다면 잘 칠 수 없듯이, 아무리 측정기가 있고 이론을 알고 있어도 입시 시험 당일과 같은 때 정말로 그 이론을 잘 활용할 수 있을지는 연습문제를 풀어 보았는가에 따라서 결정될 것이다.

그렇게 생각하면, 계몽은 그것을 실용해 보기도 하고, 써서 놀리지 않도록 해야 달성할 수 있다.

10

황폐를 극복하기 위해서

'방사선 장애 방지법'과 매스컴에 의해 황폐하게 된 방사성 동위원소의 일반 보급을 원래대로 돌려야 하는 것은 긴급한 일이지만, 실제로 그것을 어떻게 해야 하는가는 기술적인 문제이다.

학교 등에서 방사능을 쓰는 것도 한 방법이지만 학교 교육이라는 것에도 한계가 있고 또, 나중에 실용화하지 않으면 잊어버리고 마는 것이 고작이다. 사회에 나오고 나서부터 물리나 수학 등의 운명이 전형적으로 그것을 나타내고 있다. 그러나 방재라는 의미에서 보면, 이러한 일이 가끔씩 일어나서도 곤란하지만 절대적으로 일어나지 않으리란 보장도 없는 일이다. 그러나, 이것이 이과의 실험이 된다면 상당히 이익이 되는 것은 의심할 여지가 없다.

아니 오히려 가장 실제적인 방법은 역시, 의료에 의한 보급으로 의료기술을 개발하는 것이라고 생각한다. 지금으로써는 다른 것이 희생되더라도 의료에 실제로 쓰이고 있는 방사성 동위원소의 이용에는 관청이나 방송, 지역의 반대파도 관여할 수 없는 것이다.

그 때문에 사실상, 동위원소가 상당히 광범위하게 쓰이고 있는데 현재는 대병원이 유일한 분야로 그 경험은 상당히 귀중하다. 따라서, 그 이용도 대병원밖에는 사용할 수가 없어 개발에 한계가 있고 일반적으로 보급할 수 있는 이용법은 늘어나고 있지 않다. 그러나 이들 의료 관계자가 쌓아 온 교두보는 지극히 귀중한 것으로 방사능의 보급도 이 교두보를 출발점으로 해서 늘려나가는 것이 제일 구체적인 길이라고 생각한다.

그 외, 다른 분야에서도 제각기 조금씩 동위원소의 이용이 연구기관, 대학 등에서 행해지고 있다. 이 중에서도 보급용으로 늘려가는 이용법이 점차 싹을 트이고 그것을 위한 의식적인 노력을 해나가야 한다.

다음 장에서는 현재 내가 생각하고 있는 하나의 구체적인 방책을 소개한다. 이 기획 중에서 이것과 유사하거나 또는 전혀 다르지만 같은 목적의 좋은 아이디어가 생겨난다면 더욱 기쁜 일이 될 것이다.

제8장

구체적 제언—^{42}Ar을 만들자

1

자연의 은혜

비교적 안전하고 유용한 방사능과 그것을 쓰기 위한 측정기의 보급이 계몽과 방재에 도움이 된다고 말하지만, 그것은 구체적으로 어떠한 방사능이 그 후보가 되는가는 하나하나 검토해 보지 않으면 모른다.

여기서는, 하나의 가능성으로 아직 그 이용에 문제가 없는 방사성 동위원소 ^{42}Ar이 목적에 딱 맞다는 것을 지적하고, 그것에 관한 여러 가지 문제점을 생각해 보자. 이러한 것이 존재한다고 하는 것은 어느 의미에서는 자연 중의 행운과 같은 것으로 예를 들면, 핵의학 분야에 최근 그 이용이 급격히 진보되어 암 진단에 특효적인 역할을 하고 있는 $^{99}Tc_c^m$이라는 방사성 동위원소가 여러 가지 견지에서 상당히 이상적이라는 것과 비슷하다.

물론, 계몽과 방재 때문에 이보다 좋은 것은 생각할 수 없다고는 말할 수 없으나 지금으로는 내가 생각하는 한 더 나은 것은 없다. 물론 더 나은 것이 존재할 가능성이 없는 것은 아니다. 역으로 말하면, 이러한 가능성이 없으면 지금까지 논해 온 민간 방재·계몽이라는 것은 훨씬 어려운 일이 되고 시작조차 힘들게 될 것이다.

핵의학의 경우도 마찬가지로 방사성 물질이 체내에 어떻게 분포하는가를 측정하는 신테 카메라라고 하는 도구가 있더라도 방사성 동위원소가 없으면 이렇게 폭발적인 보급은 어려웠을 것이다. 따라서 $^{99}Tc_c^m$

질량수	조성(존재비)	반감기
33		0.18초
34		0.844초
35		1.78초
36	0.337%	
37		35.0일
38	0.063%	
39		269년
40	99.60%	
41		1.83시간
42		33년
43		5.4분
44		11.9분

표 8-1 | Ar의 안정 및 방사성 동위원소

과 같이 반감기가 6시간인 것과 66시간의 반감기를 가진 모핵종의 $^{99}M_o$을 함께 혼합할 수 있는 것이다. γ선의 에너지는 146keV로 신테 카메라로 측정하기가 최적이고, 특히 암조직에 모이며 β선이 없기 때문에 불필요한 피폭이 상당히 적은 것 등 많은 이점을 가지고 있다. 이러한 것이 핵의학이 가진 행운이지만, 계몽과 방재라고 하는 중대한 부산물을 가진 의료용 방사성 동위원소로써 ^{42}Ar의 존재는 다행한 일이다.

^{42}Ar은 어떠한 핵인가?—모핵종과 딸핵종

^{42}Ar는 원소 Ar의 동위원소로 보통의 Ar 가스는 대부분이 ^{40}Ar으로 소량의 ^{38}Ar과 ^{36}Ar이 섞여져 있다(표 8-1). 이 보통의 ^{40}Ar에 중성자 2개가 부착해서 ^{42}Ar가 되면, 양자수(18)의 비율에 비해서 중성자가 너무 많기 때문에 안정 원자핵은 아니나, β 방사능을 갖게 되고 갑자기 핵이 전자를 방출해서 그중 중성자가 한 개의 양자로 바뀌어 $^{42}_{19}$K$_{23}$ 이라는 핵이 된다. 이것이 일어날 확률은 33년으로 ^{42}Ar가 ^{42}K로 붕괴하는 것의 반이다. 다시 말해서 ^{42}Ar의 β 붕괴의 반감기는 33년이다.

^{42}K는 이것도 또 안정하지 않고 β선을 내서 이번에는 최종적으로

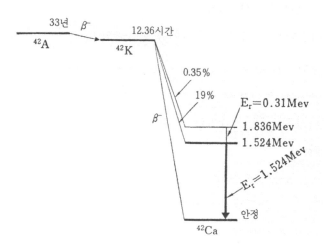

그림 8-1 | ^{42}Ar → ^{42}K → ^{42}Ca의 붕괴 형식

안정한 $^{42}_{20}Ca_{22}$로 변한다. 이 반감기는 12.36시간으로 훨씬 짧고 붕괴할 때 80퍼센트의 경우는 β선만, 20퍼센트의 경우는 β선이 나온 후, 1.524MeV 에너지의 γ선을 방출한다. 이러한 붕괴의 방식을 붕괴 형식이라고 말하고 〈그림 8-1〉에 $^{42}Ar \rightarrow {}^{42}K$의 붕괴 형식을 나타냈다.

일반적으로 어느 방사성 동위원소의 붕괴나 또, 별도의 방사성 동위원소가 만들어질 때 처음의 것을 모핵종, 나중의 것을 딸핵종이라고 한다. 이 경우에는 ^{42}Ar이 모핵종이고 ^{42}K가 딸핵종, $^{99}Tc^m$의 경우는 그것이 딸핵종이고 모핵종은 ^{99}Mo다. 딸핵종을 모핵종에서 분리하는 화학 조작을 종종 '밀킹(milking)'이라고 부른다. 방사선 화학을 연구하고 있는 사람들은 모핵종만을 모은 것을 카우(cow)라고 부르고 있지만 의료 분야에서는 주로 제너레이터라고 부르고 있다.

일반적으로 말해서, 실용적으로 편리한 것은 모핵종의 반감기가 딸핵종의 반감기보다 훨씬 길어 딸핵종에 유용한 경우이다. 즉, 모핵종을 모아두고 필요한 때 딸핵종을 밀킹해서 사용하는 것이다.

일반적으로 딸핵종은 한번 사용하면 후에는 별다른 위험없이 빠르게 진행되기 때문에, 사용하는 것에 따라서 짧은 반감기가 적당히 있는 것이 좋다.

$^{99}Tc^m$을 사용하는 검사에서는 모핵종인 ^{99}Mo이 66시간이라고 하는 그리 길지 않은 반감기 때문에 병원에서는 이것을 일주일에 한 번씩 구입해서 검사 직전에 6시간의 반감기인 $^{99}Tc^m$을 밀킹해서 주사하고 있다. 이 조작은 간단하고 간호부라도 할 수 있도록 되어 있다.

$^{99}T_c{}^m$의 반감기는 6시간이기 때문에 주입한 방사능도 6시간 후에는 반으로, 다음날은 16분의 1, 일주일이 지나면 완전히 없어져 버린다. 이것은 물론 배설을 계산에 넣지 않은 것으로 실은 주사한 $^{99}T_c{}^m$은 상당히 빠르게 배출되고 만다.

3
^{42}K 이용의 현상

주지하는 바와 같이, ^{42}Ar의 생산 제안은 K의 방사성 동위원소의 이용 때문이다. 따라서 K 동위원소의 이용에 대해서 조사해보자.

^{42}K는 보통의 칼륨(^{39}K 93퍼센트, ^{40}K 0.0017퍼센트, ^{41}K 6.7퍼센트)을 원자로 내에서 중성자 조사로 간단히 만들 수 있다. 한편 K은 생체 내에서 여러 가지 중요한 역할을 하고 있는 것으로 전부터 잘 알려져 있고, 특히 최근에는 칼륨 이상이 의료계에서 중요한 문제가 되어 있다. 그 때문에 ^{42}K은 종종 사용되는데 특히, 인체 내의 교환 가능 칼륨 양의 측정이 대부분이다. 그러나, 주로 신테 카메라를 쓰는 정통파의 핵의학자들은 ^{42}K은 γ선 에너지가 너무 높아 β선에 의한 피폭이 많기 때문에 관심의 대상이 되지 않고 칼륨과 비슷한 생체내의 거동을 하는 ^{201}Tl(반감기 73시간)이 신테 카메라에 대한 유리한 성능($^{99}T_c{}^m$의 경우와 같다) 때문에 많이 쓰이게 되었다.

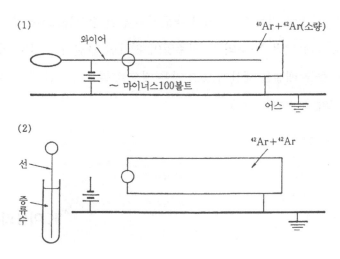

그림 8-2 | 밀킹의 방법. (1) 와이어에 100볼트를 걸어 둔다.
(2) 와이어를 빼서 물에 넣는다. 목적의 ^{42}K는 물에 넣는다.

칼륨 이용이 늘어나지 않은 것은, 핵의학 연구 유행에 따르지 못한 것과 만약 원자로에서 만들게 되면 그때마다 원자로 제재소에서 운반해야 하는 결점이 있기 때문이다. 반드시 사용해야 할 경우에는 과잉량의 칼륨을 만들고 며칠 동안 이용하는 예를 자주 듣지만, 불필요하게 강한 방사능을 다루어야 하고, 미리 만들어서 장시간 놔두면 사용할 시점에서 비방사능(칼륨 1g당 방사능)값이 떨어져서 사용할 수 없는 경우가 생긴다.

^{42}Ar 제너레이터라면 이점은 한 번에 해결된다. ^{42}Ar은 한번 만들어 주면 반영구적(33년이 지나면 반이 된다)으로 어디에나 가지고 갈 수 있기

178

때문에, 우선 운반의 염려가 없고 언제라도 자신이 원할 때 ^{42}K를 밀킹할 수가 있고, 불필요하게 많은 방사능을 사용할 필요도 없다.

4

밀킹의 방법

특히, 많은 이용자에게 편리한 것은 ^{42}K가 노에서 만들어진 것과 다르고 ^{39}K와 ^{41}K을 포함하지 않은 순수한 ^{42}K으로 있는 것이다.

또 하나 ^{42}Ar–^{42}K의 제너레이터의 이점은 ^{42}K의 밀킹이 쉽다는 것이다. 지금, 뮌헨공과대학의 나의 연구실에서 시작(試作)한 ^{42}Ar의 카우에서는, ^{40}Ar 속에 미량 섞여있는 ^{42}Ar으로부터 ^{42}K가 생성 시에 완전히 이온화하는 것을 이용해서 약 100볼트의 부의 전압을 건 전선을 넣는다. 이것을 얼마 후에 꺼내어 물에 담그면 ^{42}K 이온을 포함한 수용액이 된다.

전압을 걸고 있는 시간이 충분히 길면 모여지는 ^{42}K의 방사능양은 ^{42}Ar과 평행에 달하고 동량이 된다. 모으는 시간이 ^{42}K의 반감기와 같으면 ^{42}Ar 방사능의 반만 모인다. 예를 들면, ^{42}Ar이 1μCi 있다고 하면 충분히 긴 시간(약 1일 이상) 후에는 1μCi에 가까운 ^{42}K 방사능이 얻어져, 12시간 후면 0.5/μCi의 ^{42}K가 모여질 수 있다(그림 8-3).

만약 1μCi의 Ar 카우가 있으면 반일에 한 번씩 0.5/μCi의 ^{42}K가 밀킹되고 또 하루에 한 번 밀킹한다면, 0.75μCi씩 ^{42}K가 밀킹될 수 있다.

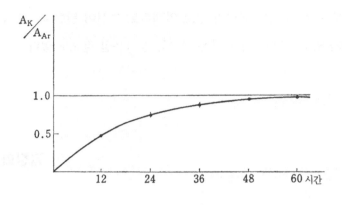

그림 8-3 | 제너레이터의 회복.
횡축은 최후에 밀킹해서의 시간, 종축은 칼륨 방사능 양과 아르곤 방사능 양의 비.

^{42}Ar의 자연감쇠는 33년이라는 긴 반감기 때문에 일단 무시될 수 있다. 예를 들면, 1년당 감소는 2퍼센트 정도이다. 이때 줄어든 것은 만약 원래의 세기로 돌릴 때 보태지는 것으로 이용되므로 약하게 되었다고 해도 버릴 필요는 없다.

5

우수한 안전성

^{42}Ar의 긴 반감기는 한번 만들면 반영구적으로 쓰기 때문에 상당히 편리하지만, 두 개의 결점이 있다. 하나는, 생산이 반감기에 비례한다는 것으로 이것은 나중에 자세히 말하겠다. 또 하나는, 일반적으로 긴

반감기의 동위원소는 안전성 면에서 꺼려지는데 만약, 그것으로 오염되었을 때 오염이 금방 소실해 버리지 않기 때문이다. 그 때문에 긴 반감기의 방사성 동위원소는 예의 '방사선 장애 방지법'에서는 특히 엄격한 제한을 받고 있다.

그러나 잘 조사해 보면, Ar은 Ne, Xe 등과 같은 불활성 가스로 보통의 조건에서는 어떠한 노력을 하더라도 절대로 화학결합을 일으키지 않는다. 따라서, 몸에 흡수되어 결합되거나 의복, 바닥 등 어떠한 것에도 부착될 염려가 없다. 생각할 수 있는 최대량의 ^{42}Ar을 방출해도 수분 후에는 대기 중에 확산되어 우리들 주위에 있는 것은 자연 방사능 이하가 되고 만다. 또한, 폐쇄된 좁은 공간에 방출되었을 때 그 딸핵종 ^{42}K의 방사능 특유의 γ선이나 β선의 측정으로 금방 발견해서 없앨 수가 있다.

그와 관련해서 대개 보급될 것이라고 생각되는 ^{42}Ar 제너레이터의 크기는 대략 1μCi에서 수백 μCi 정도이고, 후에 10μCi 정도일 뿐이다. 이것은 원자로 사고에서 방출되는 근친(近親)의 방사성 불활성 가스인 Kr 85의 양에 비하면 문제가 되지 않는다. 어떤 사상자도 내지 않았던 스리마일섬 사고에도 방출된 Kr 85 양은 1,000만 Ci로 추정되고 있다. 즉, 아무리 대량의 ^{42}Ar을 생산해서 그것을 전부 방출하더라도 환경 방사능에 영향을 줄 수는 없다.

^{42}K은 인체 내에 도입해서 다른 핵의학으로 사용되고 있는 것같이 보이지만, 이것은 다른 경우와 같이 충분한 안전을 고려해서 위험은 예

방될 수 있다. 무엇보다 12시간이라는 짧은 반감기 때문에 위험은 거의 생각할 수 없다.

물론, 이것을 반복 사용하는 직업인은 주의가 필요하지만 그것은 다른 X선 이용 등과 동성질의 것으로 더욱 그 주의가 방사능에 의한 계몽과 관계되어 있다.

이 안전성은 ^{42}Ar$-^{42}$K 제너레이터의 가장 우수한 성질의 하나이다.

6
^{42}Ar의 생산법

긴 반감기가 될수록 생산이 어렵다고 했으나 생산의 용이함은 다른 인자에도 강하게 의존한다. 우라늄의 핵분열에서 생성되는 ^{90}Sr(28년), ^{137}Cs(30년) 등은 너무 많이 생겨서 곤란하다. 중성자 조사로 생성되는 Co 60(5.3년) 등도, 몇만 Ci의 방사능을 만드는 종류인 것이다.

이러한 어려움은 그것을 만드는 핵반응 생성률과 핵반응을 유기하는 입자(예를 들어, 중성자, 알파선 등 그 외)를 얻는 것에 대한 어려움으로 ^{42}Ar의 경우에는 그것을 생산하는 좋은 방법이 별로 없다. 만약, 생산하기 쉬운 것이었다면 이미 실용화되었을 것이다. 따라서 이미 대부분 알려진 방사성 동위원소(거의 사용하지 않는 것)를 분리하고 있는 '방사선 장애 방지법'의 리스트에 ^{42}Ar은 아직 올라 있지 않다.

^{42}Ar 제조법으로 예를 들어, 쓰쿠바(筑波)의 고에너지 연구소에 있는 초대가속기로 1기가전자볼트(10^9eV)급의 입자가 핵을 때려 핵의 상당 부분을 날려버리는 파쇄(破碎) 반응과 대형 전자가속기에서 나오는 초경 X선을 핵에 때리는 광핵 반응 또, 고중성자 속 원자로에서 Ar에 이중 중성자 흡수를 시켜 만드는 등 소량으로 할 수는 있지만 수량(收量)이 나쁘고, 그 외 여러 가지 불편이 있어 특별한 조건이 없는 한(예를 들어, 상당히 크게 해서 경비를 낮추기 위한 부산물로 제조하지 않으면) 안 된다. 현재 유일하게 실질적으로 가능한 방법은 삼중양성자 ^{3}H를 가속해서 Ar 가스를 조사하고, 한 번에 중성자 2개를 ^{40}Ar에 가해서 만드는 방법이다.

처음으로, 실용적인 목적으로 ^{42}Ar을 제조한 것은 뮌헨공과대학 물리학 교실 소속의 사이클로트론에서 7MV까지 가속한 삼중 양성자를 쓴 것으로, 최초에 시작한 약 0.1μCi의 ^{42}Ar은 제너레이터에 봉입되어 학생들이 ^{42}K를 밀킹해서 그것으로 칼륨의 전기영동과 혈액에 의한 흡수 실험을 위해 이미 1년 반 정도 사용하고 있다.

현재, 이곳의 사이클로트론은 원래 삼중양성자의 가속을 위해 만들어진 것은 아니다. 다음 장에서 자세히 논하겠지만, 삼중양성자 가속은 여러 가지 어려운 문제가 있기 때문에 수량을 대폭 늘리는 것은 곤란하고 시험용으로 극히 약한 제너레이터의 제작만 가능하다. 그러나 모든 신기술 개발이란 하려고만 하면 수요에 따라서 수년 중에 그에 따른 생산이 가능하게 될 것이다.

수요의 개발

전에 논한 것처럼, ^{42}K의 이용이 널리 행해지지 않은 것은 주로, 짧은 반감기 때문에 원자로에서 매회 만들어 운반해야 하는 불편 때문이다. 한편, 이사에서 밀킹해서 만드는 방법은 ^{42}Ar의 제조가 어려워서 지금까지 문제가 되었다. 한편, 그 사이에 Tl, Rb 등의 대체 방사능 이용이 개발되어 반드시 칼륨을 쓰지 않더라도 이들 대체품으로 문제를 해결한 것이다.

그러나, ^{42}Ar의 생산이 가능하다면 ^{42}K는 ^{201}Tl의 73시간, ^{86}Rb의 18.8일보다 반감기가 짧기 때문에 많은 경우에 유리하다. 물론, 연구용인 경우에 주로 인체에 중요한 것은 Tl과 Rb이 아니고 K이기 때문에 칼륨을 쓰는 편이 목적에 맞는 것이다.

^{42}K의 본질적인 결점은 체내에 도입해서 이 분포를 신테그램으로 측정하고 싶은 경우에 ^{42}K은 같은 양의 γ선의 감광도에 대해서, β선에 의한 피폭량이 상당히 많기 때문에 적당하지 않다는 것이다.

따라서, 임상검사 용으로 전에 논한 교환 가능 칼륨량의 측정처럼, 주사해서 넣은 칼륨의 양과, 배설시켜 얻은 양과의 비를 측정하는 의화학측정 또는, 체외에서 행할 수 있는 검사측정이 적합하다. 일반적으로, 이러한 측정은 훨씬 적은 방사능의 양으로 행할 수 있는 것이다.

다음에 계몽, 방재라고 하는 부산물은 일단 잊어버리더라도 ^{42}Ar의

^{42}Ar 이용은 여러 가지 가능성을 감추고 있다.

이용이 가능하게 됨에 따라 열리는 여러 가지 분야, 특히 의료에 있어서 임상검사법이 있을 것이다. 일반적으로 이러한 임상검사법은 대병원에서만 행할 수 있는 것으로 ^{42}Ar 제너레이터에서 K을 의사 자신이 밀킹해서 고가의 신테 카메라 대신 싸고 간단한 가이거 계수관으로 측정하는 방법으로 신테그램과 비교해서 훨씬 간단하다. 따라서, 일상의 진단 활동에 침투하기 쉬운 것이다. ^{42}Ar의 생산 가능성은 앞으

로 의료기술 개발의 하나의 기회로써, 마음 깊이 심어두면 좋을 것으로 생각된다.

^{42}Ar에서 밀킹한 ^{42}K의 이용 가능성에 관해서는 유럽과 일본에서 상당히 여러 가지 방법들에 대해 들었으나 그들 대부분이 별도의 샘플링 정도 때문인지 직접적인 반응은 없었다. 그도 그럴 것이 나도 자신이 현재 하고 있는 좁은 전문 분야 외에서 이러한 경우 그 사용 제의를 들었다면 금방 좋게는 생각할 수 없을 것이다.

2년 전에 방사성 동위원소 협회의 요코야마(橫山) 씨가 내게 이러한 말을 고(故) 다케미(武見) 씨에게서 들을 수 있는 기회를 만들어 주었다. 그때도 베테에게 말했을 때와 같이, 다케미 씨는 금방 모든 이야기를 이해하고, K은 사용할 수 있을 것으로 생각한다고 상당히 구체적으로 격려해 주었다. 다케미 씨는 그 후 방재나 계몽에 대한 이야기는 하지 않았지만 약 1년 전, 동위원소 협회에서 K에 관심을 갖고 있는 사람들을(젊은 층도 포함해서 일본의 최고의 사람들) 모아서 구체적인 토의를 한 결과, 대단히 적극적으로 일본에서 K을 생산하게 되면, ^{42}Ar을 모핵종으로 해서 ^{42}K에 의한 의료기술이 발전할 것으로 진단했다.

방사선 심의회에 대한 요청

^{42}Ar의 보급에 있어 또 걸리는 것은 '방사선 장애 방지법'이다. ^{42}Ar은 이 법률의 리스트에는 나와 있지 않지만 그 성질의 정의에서 소위 제2군에 속하므로 1μCi 이상의 양은 방사성 동위원소 취급을 받는다.

생리학의 한정된 실험 등은 1μCi 양이라도 의미 있는 실험연구가 될 수 있다고 하는 분도 있지만, 인체 내의 교환 가능 칼륨량의 측정에는 일단 200μCi는 필요하고 아무리 적어도 50μCi는 필요하다고 한다.

아마 처음의 진단법 연구 단계는 주로 방사성 동위원소 취급 시설이 있는 대병원이나 연구소에서 ^{42}Ar의 시험사용을 하게 되면 문제가 없으나, 신테 카메라와 같은 고급 측정기가 없는 곳에 보급될 경우, 방사능의 성격상 당연히 생산량이 제한되겠지만 오히려 최대의 걸림돌은 '방사선 장애 방지법'에 의한 한계라고 생각된다.

따라서 방재나 계몽이라는 부산물을 일단 도외시하더라도 의료기술 발달을 막지 않는다는 의도와 기술적으로 보아서 ^{42}Ar과 ^{42}K의 정의량을 적어도 100μCi(제4군)까지 올릴 필요가 있다. 예를 들어, ^{201}Tl는 제2군에 속해야 하지만 의학 이용을 막을 수 없기 때문에 특례적으로 제4군에 넣어져 있는 것이다. 법률의 개정은 적은 것이라도 대단히 시간이 걸리기 때문에 이 검토에 대한 답신은 가능한 빨리 해야 한다.

즉, 이 특례적으로 높은 규준(規準)을 받는 다른 제4군의 것과 비교해서 한 치수 적으므로 가장 많은 정의량이 주어지는 편이 오히려 안전에는 도움이 될 것으로 생각한다.

9

일반인들의 요청

^{42}Ar의 이용 가능성은 우선 의료방면에 큰 의의를 가지고 올 것이지만, 다른 분야에도 새로운 기회를 줄 수 있을 것이다. 예를 들어, 이화학 연구소의 노자키 연구원은 동위원소의 이용에 상당히 조예가 깊은 분으로 ^{42}K의 농업기술 연구를 위한 이용에 대해 주장하고 있다.

일반적으로, 방사성 동위원소를 추적자(tracer)로서 쓰는 것은 의학과 같이 일반인에게 너무 어려운 것도 있지만, 상식적으로 생각할 수 있는 것도 많다. 예를 들면, 식물에 칼륨이 어떻게 흡수되서 분포해 갈까 하는 것은 간단한 실험으로 조사해 볼 수 있다.

여러 가지 이과의 실험 등에도 방사성 동위원소를 사용할 수가 있는데 학생 실험에서 하나의 밀킹한 칼륨을 엷고 긴 1미터 정도의 증류수 홈통 한편에 넣고(칼륨의 양은 문제가 되지 않을 정도로 적기 때문에 전기저항은 내려가지 않는다), 그 홈통의 양측에 전극을 넣어서 전압을 걸면 그 전장 때문에 칼륨이 움직여 가는 모양을 볼 수 있다. 이 실험에는 단지 0.1μCi의 ^{42}K만 사용할 수 있다.

방사성 동위원소를 쓰면, 정말로 다른 방법으로는 알 수 없는 것을 단번에 알 수 있는 경우가 많기 때문에 이것에 익숙해지는 것도 중요한 과학교육의 하나일 것이다. 꼭 ^{42}Ar과 ^{42}K이 아니라도 여러 가지 가능성을 조사해서 방사성 동위원소를 더욱 일상적으로 쓰는 연습을 해가는 것은 지금까지 설명한 상황으로 보아 의미가 있는 것이다.

그러나, $^{42}Ar - ^{42}K$와 같이 좋은 경우는 별로 없다. 모핵종이 불활성으로 장반감기이고, 딸핵종이 12시간이라는(단, 농업의 실험에는 다소 짧을 수도 있지만) 일반적으로 상당히 경우가 좋고 더구나 딸핵종이 중요한 원소이고, β선과 γ선도 있다고 하는 경우는 그렇게 많지 않다.

^{42}Ar 이용 가능성은 우리들의 노력으로 급속히 증가해 갈 것이다. 여러분들도 좋은 사용법을 생각해 보시라(동위원소의 이용 가능성에 대한 최신의 정보를 일본 동위원소 협회가 항상 제공해 줄 것이다).

10

결국, 누가 이득을 얻을 것인가

^{42}Ar의 생산과 보급은 일단, 주로 의료기술로 추진해야 한다는 것이 내가 지금까지 만나고 함께 생각해준 분들과 일치된 의견이다.

우선, 현재 책임이 있는 입장에 있는 분들은 원자력 안전성에 관한 어려운 상태를 알고 있기 때문일 것이다.

이 방면에서는 베테 박사가 말하고 있는 것같이 간단한 정론(正論)으로 통하기가 어렵기 때문이라고 생각한다. 어느 양심적이고 책임이 있는 분이 "이건 유럽에서 먼저 시작하시오, 그러면 반드시 일본이 흉내를 낼 테니까"라고 말해서 한심하다고 생각했는데 오히려 현상적으로 이러한 인식을 한다는 것이다.

확실한 의료용의 목적이 있으면 일단 계몽이다, 방재이다라는 것을 버리는 것도 의미 있는 것이다. 따라서 이 선상에서 강한 전문가로서의 지지를 주어 길을 만들어준 고 다케미 씨의 의견은 더욱 의의가 있는 것이다.

방사능 위험의 극복은 그때만 넘기면 된다는 식의 정책으로는 안 된다는 것을 시종일관 논해왔다. 그러한 견지에서 본다면, ^{42}Ar의 생산계획은 계몽과 방재 대책이라는 것보다 오히려 '방사선 장애 방지법'에 의해 황폐된 방사능의 일반사회에의 자연적인 접촉의 재개를 위한 문제라고 생각한다.

만약, 이 자연적인 접촉이 성공한다면 유사시의 피해는 여러 곳에서 자연에 대한 인간의 본능과 협력해서 대폭으로 경감시킬 것이다.

일단, 유사시의 보상은 발전회사가 하게 되는지 보험회사인지 잘 모르겠지만 결국은 '나라'가 하게 될 것이다. 따라서 이 일은 나라가 지원해 주어야겠지만 지금까지 잘 안 되는 것으로 보인다. 결국 이것도 방재뿐 아니라, 시민과 민간의 힘에 의해 이뤄져야 한다는 것을 보여야 할 것이다.

제9장

기술적인 모든 문제

뮌헨공과대학의 삼중양성자 가속기용 사이클로트론

어떻게 해서 만들어지는가?

이러한 우수한 성질을 가진 실용 동위원소 ^{42}Ar이 왜 지금까지 전혀 사용되지 않고 또, 법률의 리스트에도 올라있지 않았을까. 첫째 이유는 지금까지 그 생산법이 없었기 때문이다.

이 장에서는 ^{42}Ar의 생산이 이미 시험적인 단계에서 성공해 있고 또, 현재의 기술로써 충분히 계몽과 방재에 효과를 주는 정도의 양을 생산할 수 있는 사정을 설명한다.

여기서 또, 가장 유력한 수단인 가속한 삼중양성자에 의한 ^{42}Ar의 제조가 지나친 방사선 알레르기 때문에 곤란하게 되고 있다(결국 극복할 수 있다고 생각하지만…)는 것은 비참한 일이다.

^{42}Ar의 생산법 문제는 지금까지 논해 온 계몽, 방재 활동의 일환으로 내가 직접 종사하고 있는 연구 테마이기 때문에 우리 실험원자핵 물리학자들이 무엇을 하고 있을까의 소개도 겸해서 다소 구체적인 의견을 전개하므로 기술에 직접 관계없는 분은 읽지 않고 넘어가도 좋겠다. 마지막에는 보급과 긴급 시의 대처에 관해서 조금 논하기로 한다.

^{42}Ar을 생성하는 핵반응은 여러 가지가 있다.

우선 제1은 파쇄 반응에 의한 방법이다.

이것은 초대가속기를 필요로 하지만, 초대가속기 실험 중에는 평행해서 기생(寄生)조사 즉, 주요한 실험을 해버리고 남은 고에너지 입자를

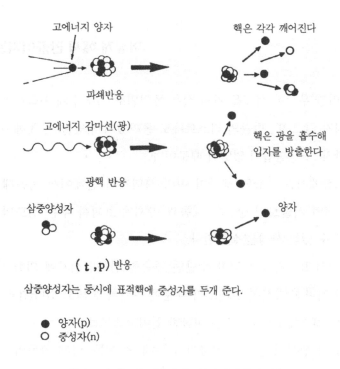

고에너지 양자

핵은 각각 깨어진다

파쇄반응

고에너지 감마선(광)

핵은 광을 흡수해
입자를 방출한다

광핵 반응

삼중양성자

양자

(t , p) 반응

삼중양성자는 동시에 표적핵에 중성자를 두개 준다.

● 양자(p)
○ 중성자(n)

그림 9-1 | ^{42}Ar을 생성시키는 여러 가지 입자 반응

이용한 조사를 허용하는 경우가 종종 있다. 이러한 것에 의견이 일치하면, 현재의 고에너지 연구소의 기계보다 조금 적은 에너지로 전자류의 많은 기계가 만들어져 기생 조사가 가능할 경우, 파쇄 반응을 생각해보는 것도 재미있는 일이다.

이전, 고에너지 연구소에서 도쿄공업대학 치바(千葉) 교수, 도쿄대학 야마자키(山崎) 교수 등과 함께 간단한 시험실험 결과에 의하면, 어느 정

도 사용할 수 있는 양의 ^{42}Ar을 제조할 수 있는 것으로 확인되었다.

그 외, 동북대학의 선형전자가속기도 광핵반응에 의해 소량의 ^{42}Ar을 생성시키는 가능성을 가지고 있다. 어느 것이라도 이러한 대가속기의 전력 소비량은 대단한 것으로, ^{42}Ar만을 위하여 기계를 움직이는 것은 지금으로서는 생각할 수 없는 일이다.

^{42}Ar의 이중 중성자 흡수에 의한 제법은 이미 Ar 냉각의 고중성자 속 원자로가 있으면, 자동적으로 부산물로서 가능하지만 보통로에서는 Ar을 조사해도 유의미한 수량을 기대하기 어렵다.

2
삼중양성자 조사에 의한 ^{42}Ar의 제조

이렇게 거대한 기계를 사용하지 않고 소형가속기를 써서 ^{42}Ar을 생성하는 유일한 방법은, 가속한 삼중양성자를 보통의 Ar 가스에 조사해서 만드는 방법이다. 이것은 5~600만 전자볼트의 가속에서 문제가 될 정도의 생산능력을 가지고 있다. 이러한 적은 가속기는 어디에도 있는 것으로, 문제는 삼중양성자를 얻기 위해 삼중수소 가스의 취급에 고도의 기술을 요하는 것이다.

가속기에서 입자를 가속할 때는 그 입자가 전자이면 단순히 진공 용기 중에 필라멘트를 넣어 백열하면 나오는 것이지만 양자, 중양자, α 입자 등을 가속하는 데는 우선 각각의 소량의 수소 가스, 중수소 가스, 헬륨 가스 등을 가속기의 이온원에 도입해야 한다.

삼중양성자를 가속할 때는 삼중수소 가스를 넣어야 하지만 삼중수소는 방사능을 갖고 있기 때문에 다른 가스와 같이 사용 후에 버릴 수 없다. 더구나, '방사선 장애 방지법'에 정해져 있는 방출해도 좋은 허용한도는 극히 낮기 때문에 조금이라도 새지 않도록 하는 주의가 필요하다. 이 주의 방법이 상당히 어렵기 때문에 일반적으로 삼중수소의 가속은 행하지 않는다. 일본에서는 두 번 행하였지만 이미 중지되고 미국에 2개소, 유럽에서는 내가 있는 곳까지 3개소가 하고 있을 것이다.

어느 곳도 충분한 주의를 한 진공계가 일절 배기 중의 삼중수소가 방출되지 않도록 하고 있고, 근처에 많은 감시 장치와 오염검출 장치들을 갖추고 있기 때문에, 간단한 현존 가속기의 이온원에 삼중수소 가스를 도입해서 삼중양성자의 가속을 행하는 방법은 절대로 안 된다. 우선, 현재에는 많은 시설을 만들고 있어도 간단하게 허가를 얻을 수 없을 것이다.

수년 전까지는 삼중수소를 가속기에 넣는 것은 생각할 수 없는 것이라는 의견이 대부분이었다. 그러나 이 경향이 다소 약해진 듯하다는 것은 핵융합의 기초연구가 진행되어 오면서 점차로 융합의 불을 피울 점화 실험을 하고 싶다는 것이 세계의 추세가 되어 왔다. 그런데, 점화 실험을 해보기 전에 우선 가장 해 보기 쉬운 것은 삼중수소 가스와 중수소 가스를 혼합하여 점화하는 방법으로, 이러한 실험에서는 가속기로 쓰는 가스 양의 수만 배라고 하는 양의 삼중수소가 필요하게 된다. 또, 삼중수소는 생화학 실험에 극히 중요한 역할을 하고 있다.

그 때문에 삼중수소를 기피하기보다는 오히려 적극적으로 넣어 두는 방책, 즉 삼중수소의 취급법을 연구하자 라는 풍조가 나왔다. 예를 들면, 최근 문부성은 북해도대학과 부산(富山)대학에 삼중수소 취급 연구 때문에 강좌를 개설했다고 한다. 일반적으로, 이러한 경향은 대단히 바람직한 일이다.

3

뮌헨의 삼중양성자 가속

뮌헨공과대학 물리학부 소속 소형 사이클로트론으로 삼중양성자의 가속을 준비하기 시작한 것은 이미 10여 년 전이다. 이 사이클로트론은 원래 이학부 중에서 뫼스바우어(Mössbauer) 효과의 실험 등에 쓰는 방사성 동위원소를 제조하기 위해 구입한 것이다.

학생, 외래연구원 등 불특정 다수의 사람은 출입할 수 없고, 전문가만이 운전하고 있는 기계로서 가까운 곳에 강한 방사능을 취급하는 시설이 있을 것, 특히 당시는 예산이 풍부했기 때문에 충분한 만전의 안전 대책을 세운 시스템의 건설이 가능하게 되었다는 것을 고려해 주로 방사성 동위원소의 제조를 목적으로 한 삼중양성자 가속의 제안을 받아들였다.

서독연방 정부는 당시에 즉시 1,200만 엔 정도의 예산을 들여 일본 진공주식회사 사장의 기본설계로 서독 유일의 삼중양성자 가속 시스템을 만들었다.

이 시스템의 특색은 전체의 어디에도 삼중수소 가스가 가스상으로 축적되어 있는 곳이 없다는 것이다. 그것은 사용 전에 삼중수소는 전부 특수 금속 표면에 흡착시켜 필요량만이 이 금속의 가열에 의해 나오고, 남은 것은 펌프 내면에 강하게 고정되도록 되어 있다. 그 외, 오염된 진공 용기의 내면에서 나오는 가스를 완전히 제거하는 소각로, 각 실 내부의 삼중수소를 측정하는 모니터, 직원이 삼중수소가 스친 표면을 취급한 후 소변검사 등, 시스템을 포함한 적은 부분까지도 환경국의 담당자(물리학자)로부터 자세한 조언을 들었다.

이 시스템은 7, 8년 전에서 단계적으로 시운전을 시작하였다. 그리고 경험을 쌓으면서 2년의 시운전 기간 후(그 사이는 매회의 운전 보고를 했다) 약 4년 전부터 본 면허를 받고 1개월에 한두 번 삼중양성자 가속을 행하고 주로 ^{28}Mg의 생산과 그 외의 실험에 사용해 왔다.

현재, 사이클로트론의 내부 조사의 경우 700만 전자볼트의 삼중양성자류를 수십 μA를 얻을 수 있어 전류로서는 세계 최고이다.

4

고전류 삼중양성자 가속기 건설의 제안

이 뮌헨의 삼중양성자 가속의 경험과 최근의 가속기 기술의 진보 그리고 특히, ^{42}Ar 생산의 의의를 합쳐서 일본이나 서독과 같이 원자력의 의존도가 강하고 기술이 고도로 발달한 나라에 고전류 삼중양성자 전용의 가속기를 건설하는 것은 상당히 뜻있는 일이라 생각한다.

뮌헨에서 통감한 것은 일반연구용이 아니고 무엇인가 목적을 가진 가속기는 가능한 단능의 전용기기로 있는 것이 바람직하다. 특히, 우리들이 뮌헨에서 고민한 것은 삼중양성자 가속과 양자 가속기를 사용하는 데 따르는 문제였다.

어느 쪽도 어떠한 의미에서의 세계기록을 만들고 있기 때문에 중단할 수 없어 번갈아 하고 있지만, 양자 가속기를 쓸 경우 초고성능 뫼스바우어 효과용 선원 제작은 2,200만 eV의 양자 0.5mA를 쓰기 때문에 기계의 과부하로 인해 어떻게 하더라도 수리해야 할 곳이 생긴다.

그런데, 삼중양성자 가속 때문에 기계 내부에 삼중수소가 흡착되어 있어 조작이 어렵게 되는 것이다. 삼중양성자의 경우에는 그 전용 기계를 만들면, 지금과 같은 기계를 번갈아 쓰지 않아도 좋기 때문에 훨씬 안전하다. 고전류의 삼중양성자 가속기는 세계에는 아직 존재하지 않는 것이지만, 기술적으로 만들려고 한다면 수십 mA의 기계는 가능하다. 그리고, 에너지는 1,000만 eV만 있으면 충분하고 이것은 중소형의 가속기에 속하는 것이다. 우선은, 1mA 정도의 것으로 충분하고 초기의 ^{42}Ar의 요구에 따를 것이다. 나중에 말하겠지만, 수요의 개발도 그렇게 급하게는 할 수 없을 것이다.

5

^{28}Mg의 생산

삼중양성자 가속기는 ^{42}Ar을 주목적으로 해서 만들었다해도 그 자체로 그 외의 것에 쓰일 수 있다. 아마 제일 먼저 그 혜택을 받는 것이 ^{28}Mg의 생산일 것이다.

사실, 뮌헨에서 삼중양성자의 가속을 시작했을 때 주목적의 하나로 이미 상당량의 ^{28}Mg를 학외·학내의 이용 희망자에 공급하고 있다.

^{28}Mg는 ^{42}Ar과 같이 다른 반응에서는 생각보다 만들기 어려운 방사성 동위원소이지만, 마그네슘의 실용 방사성 동위원소로서는 유일한 것이다. 반감기는 21시간으로 실용에는 거의 이상적인 시간이다. 그리고 많은 γ선, 특히 100퍼센트, 31keV라는 저에너지의 γ선을 방출한다. 다른 마그네슘의 방사성 동위원소로서 가장 긴 반감기를 가진 것은, ^{27}Mg으로 10분의 반감기이기 때문에 도무지 사용할 수 없다.

마그네슘은 또 생체에 상당히 많은 역할을 하는 것으로 지금까지 우리들이 공급한 ^{28}Mg는 거의 기본의학과 식물생리학의 연구에 쓰이고

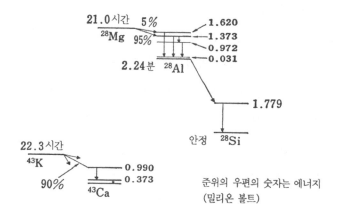

그림 9-2 | $^{28}Mg-^{28}Al-^{28}Si$와 $^{43}K \rightarrow ^{43}Ca$의 붕괴 형식

있다. 식물생리학에서 사용되는 것은 마그네슘이 광합성 기구의 열쇠를 쥐고 있는 엽록체(클로로필)의 중핵원자이기 때문이다.

　마그네슘은 CHONMg…(촌마게, 丁髷: 에도시대 상투의 일종)라고 해서 생체내 10가지 중요 요소의 하나지만, 인과 유황의 거동을 방사성 동위원소를 써서 연구한 보고는 산처럼 많지만, 이쪽은 거의 비슷한 연구조차 없다. 이것은 ^{28}Mg이 손에 넣기 어렵기 때문에 유행이 되지 않았다고 생각된다.

　한번은, 동위원소의 이용에서 세계적 권위자인 네덜란드의 어느 유명한 방사화학 교수가 ^{28}Mg이 어떠한 경우에 쓰이고 있는가를 조사한 적이 있다. 이 결과를 조사해 본 결과, 쇼와 35년(1960년) 경 일본 원자력사업주식회사의 밴더그래프 가속기를 써서 삼중양성자를 가속하고,

그것으로 만든 ^{28}Mg를 쓴 것이다.

방사성 동위원소를 공급할 때 가장 중요한 것은 상시 공급가능성, 또는 적어도 약속한 때 반드시 공급되어야 한다는 것이다. 지금까지 이것은 상당히 어려운 일로써 ^{28}Mg의 공급이 이용자의 요구에 모두 응하기 어렵고, 이것이 이용이 증가하지 않는 최대의 원인이 되고 있다.

그 점에서 만약, 삼중양성자 전용 가속기가 작동하면 항상 ^{28}Mg의 공급이 가능하게 되고, 마그네슘의 화학, 약학 더 나아가 의료계의 이용도 급격한 진보를 할 것이라고 생각한다.

6

그 외 동위원소의 제조

그다음 늘어날 것으로 생각되는 유용 동위원소는 ^{43}K이다. ^{43}K은 반감기가 22.3시간과, ^{42}K의 배로 있기 때문에 운반 문제가 ^{42}K에 비해 훨씬 편해서, 아마 측정에 시간이 걸리는 농업 방면의 이용에 결정적으로 유리하게 될 가능성이 있을 것이다. 또 하나는, 핵의학에서 사용되는 가능성이 ^{42}K보다 훨씬 높은 것이다.

이것은 이미 몇 번인가 지적되고 있는 것이지만 ^{43}K는 약 90퍼센트의 경우, 37keV라는 비교적 낮은 에너지의 γ선을 방출하므로 신테그램에 적합한 것이다. 또, γ선 주위의 β선에 의한 피폭도 β선의 에너지가 적기 때문에 이미 가끔 쓰이고 있다.

만약, 삼중양성자 전용 가속기가 건설된다면 이 ^{43}K는 항상 공급 가능하게 되고 한편, ^{42}Ar의 보급에 의한 칼륨 일반에 대한 관심의 증가가 예상되기 때문에 중요한 방사성 동위원소가 될 것이다.

^{43}K는 삼중양성자를 써서 2가지 방법으로 만들 수 있다. 하나는 ^{41}K를 포함한 물질을 조사해서 ^{41}K에 중성자 2개를 더해 만드는 방법으로 수량도 좋고 간단하지만 비방사능은 얻을 수 없다.

또 하나는, ^{44}Ca를 조사해서 1개의 양자를 없애고 ^{43}K을 만드는 방법이다. 이외는 다소 귀찮고 수량이 적지만 비방사능의 비싼(마치 ^{42}Ar에서 밀킹한 ^{42}K와 같은)방사능을 팔 수가 있다.

그 외, ^{72}Zn이나 ^{38}S은 다른 핵반응에서는 생성하기 어렵고 특별한 경우에 도움이 되는 방사성 동위원소도 있다.

^{64}Ni를 삼중양성자로 조사할 때 생성되는 반감기 30초의 동위원소 ^{63}Co은, 처음에 동북대학의 베타트론을 움직이기 시작했을 때 발견한 동위원소이다. 그때는 생각조차 안 했지만, 실은 이것에 100퍼센트의 80keV의 γ선이 있고, 이것이 ^{63}Ni 뫼스바우어 효과를 일으킬 가능성이 있다. 이 뫼스바우어 효과가 발견되면, 이것은 지금까지 쓰인 ^{61}Ni보다 훨씬 성능이 좋은 것으로, 현재 뮌헨공과대학에서 추진 중이다.

그 외, 고전류 삼중양성자류는 상당히 강력한 중성자원도 되고 지금까지 없었던 종류의 가속기이기 때문에, 여러 가지 혁신적인 것에 이용될 가능성을 가지고 있다.

입지조건—어디에서 만들어야 하나?

만약 고전류의 삼중양성자 가속기를 실제로 만들게 되면, 어떠한 입지 조건이 좋을 것인가가 문제이다.

물론, 제일 먼저인 것은 삼중수소를 사용하는 것으로, 어떻게 갈 것인가에 따라서는 '무츠'와 같이 될 가능성이 충분히 있는 것이다.

따라서 벽지에서라는 생각이 당연히 나온다. 그러나, 이 점은 잘 생각해 볼 필요가 있다. 삼중양성자의 경우에 위험이 있다고 한다면 그것은 정말로 근처의 주민에 대한 것이 아니고 그 가까운 곳에 일하는 사람들에 대한 것이다. 삼중수소 가스는 수소이기 때문에 만약 새더라도 이것은 상당히 빨리 윗방향으로 확산해 버리기 때문에 환경오염을 일으킬 염려는 없다.

이미 과거의 수폭 실험이 엄청난 양의 삼중수소를 방출하였지만 환경오염에는 별로 영향을 미치지 못하였다.

물론, 일반에게 이러한 것을 할 때는 멀리 눈에 띄지 않는 곳에서 하는 것보다도 감시 즉, 모니터 시스템을 완비한 편이 좋기 때문에 충분한 감시 시스템으로 종사자를 지켜야 한다.

또, 벽지에 가지고 가고 싶지 않은 이유는 ^{42}Ar 생산 이외의 응용으로 특히, ^{28}Mg, ^{43}K 등은 정말로 적은 시간 동안 이 기계를 사용하여 일본(독일이면 유럽)에 공급이 가능하다. 그러한 것을 생각하면, 매일 운반한다는 면에서 주요 공항에서 멀지 않은 곳이 바람직하다. 더욱 이 운반은 하루 정도의 단반감기 방사능의 운반이기 때문에 본질적으로 대오염을 일으킬 염려는 없다.

즉, 전에 말한 것처럼 급히 연구자가 삼중양성자에 의한 조사를 해야 할 아이디어가 있을 때, 자신의 근처에 있는 가속기에 삼중수소를 넣어서 가속할 경우 '방사선 장애 방지법' 망에 좋은 먹이가 될 것이다.

따라서, 좋은 아이디어를 잘 활용하기 위해서는 유일의 잘 정비된 삼중양성자 전용기를 건설한다면, 일반 연구자에게 오픈할 수 있는 가능성을 갖게 될 것이다. 그러한 의미에서라도 너무 벽지에 가지고 가는 것은 좋지 않다.

8
^{42}Ar의 보급 방법

아직 되어 있지도 않으면서 보급 방법의 이야기를 하려는 것은 보급이라는 것이 시간이 걸리고 또, 생산법의 개발과도 관계가 있기 때문에 여기서 조금 지면을 빌려 생각해 보자.

여하튼, 지금으로써는 쓰이는 양에 따라서 두 가지 제한이 있다. 하나는, 아직 공급이 상당히 적은 것과 또 하나는, 간단하게 어디라도 쓰

칼륨을 저에게도 주세요!

는 것이지만 단지 $1\mu Ci$까지만 사용하는 것이다.

장래에 양적으로 많은 공헌을 하는 것은 이미 논한 것처럼 간단한 측정기를 쓴 진단법으로, 이러한 방면에 대해 만약 지지해 주는 분이 있어서 그 진단법의 개발을 위해 예를 들어, 젊은 의학생에게 재정적 보조가 가능하면 대단히 도움이 되리라고 생각한다. 또 당분간 작은 사이클로트론과 같은 기계나 또는 대형가속기를 사용할 경우 상당한 인건비가 들기 때문에 고전류 삼중양성자 가속기가 만들어질 때까지 경제적 보조가 있으면 큰 도움이 될 것이다.

그리고 ^{42}Ar의 사용자는 칼륨에 관한 진단과 관계있는 생리학자로서, 우선적으로 소량이라도 이 길로 돌리는 것이 최적이라고 생각된다.

다음은 학생 실험에서 여러 가지 이용법을 개발시키는 것이라고 생각된다.

점점 큰 발전기가 된다면 지역에 센터가 있어서 몇 명의 사용자가 공동 이용하는 형태가 된다고 생각한다. 이 정도의 단계가 되면, 의사 뿐 아니라 완구의 측정기를 가진 자가 정의량까지의 ^{42}K를 나누어 달라고 하는 것이 측정기를 늘이고, 일반 계몽에도 도움이 될 것이다.

9
측정기의 보급

측정기의 보급은 계몽·방재라는 면에서 보면 최종 목적이지만, 그 생산은 전혀 문제가 안 된다. 이 견지에서 보면, ^{42}Ar 생산은 측정기의 용도 개발을 위한 수단이라는 것이 된다.

측정이 가장 간단한 것은, 가이거 계수관을 쓰는 것으로 양산하면 상당히 싸게 될 가능성이 있다. 계수관 자신도 양에 의하지만 보급형이 되면 한 개에 1,000엔 정도 될 것이다.

특히, 섬광 계수기라도 양산하면 싸게 된다. 이것은 다소 복잡하지만 분광계도 가능하다.

아마 가장 장래성이 있는 것은 반도체 검출기라고 생각한다. 지금 이것은 아직 상당히 고가이지만 현재의 반도체 기술의 진보로 보면, 가격의 저하는 불을 보는 것보다 밝다. 이것도 분광계로서 사용할 수 있다.

조금 전에 논했지만, 이들 검출기, 계수관 등의 부속의 일렉트로닉

한 사람, 한 사람이 자신의 측정기를 가지고 있어 자원봉사자가 될까.
아니면 측정기를 한데 모아서 가지고 있는 편이 좋을까?

스는 컴퓨터과 상당한 공통점이 있기 때문에 컴퓨터의 부속품으로써 검출기와 계수관을 부치거나 지금의 컴퓨터에 어댑터를 붙인다는 가능성도 검토해 봐야 할 것이다.

특히, 이 컴퓨터와 조합하는 경우에 여러 가지 부속품, 예를 들어 다중파고분석기 정도까지 만들어도 좋다고 생각한다. 이것들은 고급 과학완구로서 의미도 충분히 가지고 있다. 교정에는 극히 약한 법정 이하의 선원을 붙이는 것이 좋다.

컴퓨터의 하나의 결점은 운반의 어려움일 것이다. 따라서 그 외의 일을 생각하더라도 휴대용 측정기의 경우가 여러 가지 면에서 편리한 것이다. 예를 들면, 간단한 휴대용 분광계가 보급되면 어느 아마추어가 우라늄광이라도 찾을 수 있을지 모른다.

상당히 많은 수의 측정기가 있다면 지금까지 수행되지 않았던 여러 가지 환경 관계의 연구가 될 수 있다. 전에 쥐 100마리의 실험을 예로 들었지만, 통계가 필요로 되는 중요한 연구는 대단한 경비가 드는 것이다. 나라 전체에 측정망이 있다고 하는 것은 대단한 이점이다.

'무츠'는 최근 돈으로 둘러싼 것이지만 일본을 싸고 있는 바다에서는 원자력 잠수함이 이리저리 다니고 있다. 원자력 잠수함은 좌초하면 그 우라늄의 방사능을 측정할 수 있을 것이다. 언제 새어 나올지는 잘 모르지만 빨리 발견하기 위해서는 일반 사람들 중에 넓게 보급되어 있는 측정기가 대단히 도움이 될 것이다.

10
긴급 상황인 경우에

긴급한 경우에도 국가 권력은 개입하지 않는 편이 좋다고 생각하지만, 역시 순서는 지켜야 하기 때문에 언제 어떻게 할 것인가를 미리 생각해 두는 것이 좋을 것이다.

측정기는 사고 현장에 방사능이 있기 때문에 대량으로 필요하다. 따라서 다른 지역의 것을 빌리거나 자원봉사자에게 측정기를 가지고 오도록 한다. 타국에서의 대방출에 의한 강하물과 같은 때는 물론 대지역이 오염되니까 측정기는 움직이지 않는 것이 좋다.

측정기를 움직일 경우에는 역시 사용 방법이 문제이다. 우선 한 사람 한 사람이 사용에 숙달된 자신의 측정기를 가지고 자신의 차로 가는 것이 좋을까, 아니면 누구라도 사용할 수 있는 측정기를 모아서 하나의 차에 많이 채우는 편이 좋은가는 당연히 검토해 두는 것이 좋을 것이다. 그 점에 관해서는 정보망과 의뢰 계통을 확립하고 있을 필요가 있다고 생각한다.

1983년 내가 일본에 있을 때 미야케(三宅島)의 섬 분화를 시시각각 들려오는 TV 정보를 통해서 부락은 대부분 파괴되었지만 한 사람의 사상자도 나지 않았던 것을 보고 감탄했다. 그것은 최근까지 피난 연습을 하고 있었기 때문이라고 한다.

측정기가 충분히 있다면, 다수의 피폭 사상자와 그로 인한 혼란으로 사상자를 내는 피해를 훨씬 경감시킬 수 있다는 것은, 전부터 역설한 것이다. 이 구제능률에 또 하나의 요소로는 아마 그 측정기를 모으는 방법 문제이다.

이렇게 되면 나는 잘 모르지만 일단, 많은 측정기가 약국에서, 학교에서, 가정에서 상시 작동상태에 있고 그것을 이해하여 쓸 수 있는 사람들이 충분히 있다면, 그 상태에서 가장 유력한 시민 방위의 구체적인 대책을 생각하는 것은 어려울 것이 없다고 생각한다.

제10장

과학사적으로 보면······

달에서 본 아름다운 지구

1

역사의 효용

"역사라고 하는 것이 전혀 도움이 안 되는 것은 아니다. 역사를 배워 현대를 이해하고, 미래를 예측할 수가 있다"라고 하는 반면에 "어떠한 소용이 있어서 역사를 하고 있는 것은 아니다"라고 하기도 한다. 이것은 '소용이 있다'라는 말의 의미를 좁게 볼 것인가 넓게 볼 것인가의 차이다. 따라서, "시험에 나오니까"라는 것도 훌륭한 답이 될 수 있다.

여하튼, 어떤 문제를 깊이 생각하고 있을 때는 항상 그 문제를 전혀 별도의 견지에서 보는 것이 좋을 것이다. 물리와 수학의 입장에서 말하면, 미분적으로 보는 방법뿐만 아니라 때로는 문제를 적분적인 방법으로 보는 것이 그 문제를 풀기 쉬운 것과 같은 것이다. 보통 이것을 대국적으로 본다고 한다.

하나하나의 문제를 해결해 가면서 여기까지 도달해 온 것을 미분적인 것과 적분적인 방법이라고 하는데 이와 비슷한 말로는 분석적이라는 것과 총합적이라는 방법이다.

지금까지 이 책에서는 현대 사회에서 방사능의 위험을 전자의 입장, 즉 미분적, 분석적으로 취급해 왔다. 그것은 대단히 험악한 것으로 전후를 건설해 온 일본의 중장년층의 분들이면 금방 그 의미를 알 것이라 생각된다.

이 장에서는 전혀 다른 각도에서 지금까지 논해 온 문제를 역사의 흐름 가운데 하나의 과(過)로서 관찰해 보려 한다.

운명을 안다, 자연에 역류하지 않고 협조해 간다고 하는 것은 종종 바른 길을 선택하기 위해 "쓸모 있음"에서다. 미분적으로 생각하는 법을 아무리 골똘히 생각해도 도저히 해결 방법이 보이지 않을 때, 가끔 적분법칙(경우에 따라서는 그것이 경험으로 발견한 것이라도 또는 유추에서 오는 것도 좋다)을 적용해서 쉽게 풀었다고 하는 경험을 가진 분이 많다고 생각된다.

그러면, 우선 과학사를 조건(끈)으로 말해 보자.

2

인간 사회와 물리학의 관계

전에 토인비가 "하나의 문명은 400년이다"라고 말을 했지만, 지금의 문명을 더 상세하게 분석해 보자. 르네상스에서 계속한 과학 문명을 특히 과학(그중에서도 물리학과 공업 기술)이라는 관계에서 보면 〈그림 10-1〉과 같은 표를 만들 수 있다.

대개 세기를 구분 지을 때 과학사상의 중요한 계기가 있었다.

우선 과학적 태도, 법칙성, 실증성, 일반성을 강하게 주장한 것은 17세기의 초두에 나타난 케플러와 갈릴레오 갈릴레이이다.

이 법칙성을 대성, 보편화해서 고전물리학의 일대 기념비를 세운

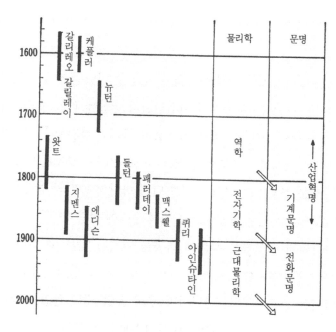

그림 10-1 | 물리학과 문명

것이 뉴턴으로 '만유인력·역학의 법칙'은 세기의 마지막 직전에 발표되었다.

물리학은 이 기본정신을 이어받아 여러 가지 자연현상을 통일적으로 설명하였다. 예를 들면, 이 생각을 화학 또는 원자라고 하는 생각으로 발전시켜 나갔다.

한편, 다음 세기의 중반부터 말까지 역학이 순수과학에서 떨어져 기술의 기초가 되고, 이것은 물리학뿐만 아니라 사회에 극히 중요한 충격을 주었다. 이것이 18세기 후반부터 19세기 전반에 걸쳐서의 산업혁명이다.

뉴턴은 물리학에서 아직 충분히 해석할 수 없었던 전자기 현상에 새로운 흥미를 갖고 19세기 전반부터 전자기 현상에 관한 중요한 발견이 계속된다. 이것은 19세기 말에 맥스웰에 의해 완성된 이론체계에서 광을 전자파로 해석하여 광학도 잘 정리하게 되었다. 그것은 바로 전체의 지구상, 천문 상의 역학적인 문제가 단지 하나의 뉴턴의 방정식과 만유인력의 법칙에서 전부 통일적으로 해석된 것에 상당한다.

전자기학의 대성공은 사회에 영향을 미치지 않을 수 없다. 지멘스(발전기의 발명), 에디슨(전구, 영화, 모든 전기응용) 등에 의해 19세기에 완성한 역학을 근본으로 한 산업혁명 후의 공업 예를 들면, 증기기관을 쓴 중공업, 철도, 토목공업(정역학) 등 19세기 후반부터 급속히 전자기학 공업이 가해진다. 우선, 발전기와 모터, 변압기의 조합에 의해 소위 강전 공업, 뒤이어 약전공업 즉 일렉트로닉스가 완성되어 세계를 변화시켰다.

물리학은 19세기 말 고전물리학의 화려한 완성과 동시에 문제점이 생겼다. 사과가 떨어지는 법으로부터 혹성의 운동까지를 하나의 법칙으로 부연하는 일반성이 다음 두 가지의 극단적인 경우에 맞지 않는다는 것을 알게 된 것이다. 하나는, 극단으로 속도가 빠를 때(광속에 가깝게)와 또 하나는, 대상이 상당히 적을 때 즉 원자와 분자까지는 고전물리학의 법칙이 그대로 적용할 수 없다는 것을 알게 된 것이다.

20세기의 문명

20세기의 과학은 이러한 놀라움 속에서 시작되었다. 전자는 상대성 이론의 요구로 이것은 뉴턴역학을 특수한(우리들의 보통의 생활을 위해) 경우로 포함하는 것보다 일반적인 이론으로서 단번에 아인슈타인이 해결한다.

후자의 경우는 화학이 예측하고 있던 원자, 분자의 인식으로 물리가 입을 열기 시작한 때부터 결국은 물리가 자신의 법칙을 바꾸는 것으로 결착할 수 있다. 이 20세기의 근대 물리학에 관해서는 다음 절에서 더욱 상세하게 분석해 보자.

20세기의 문명·기술은 19세기의 역학 문명과 완성한 고전 전자기학을 첨가한 것으로 예를 들면, 철도는 역학적으로는 그냥 SL이 전기기관차로 바뀐 것뿐이고, 로켓과 위성이 나는 것도 같은 역학이지만 그것에 바른 궤도를 주는 계산이 컴퓨터 덕분에 가능해졌다. 시간은 빠르게 지나서 이미 20세기 말에 가깝게 다가오고 있다. 그리고 학문적으로나 기술적으로 아주 좋은 성공감과 동시에 위기감을 가지고 있다.

그것은, 바로 19세기 말에 학문으로 마이켈슨에 의한 모래의 실험으로 고전역학의 기초에 이상이 발견되고 또, 방사능의 발견으로 마이크로의 신세계가 전개되는 한편 산업혁명을 통해서 사회주의의 대두 등 과학기술 문명사회에 대한 중대한 압력이 새롭게 우리들의 개인 생

역학적으로 보면, SL도 전기기관차도 같은 원리이다.

활에까지 영향을 미치게 될 것이다.

　"역사는 반복한다"와 "반복하지 않는다"라고 하는데, 어느 생각이나 유추가 가능한 것이다. 〈그림 10-1〉을 보면 금방 알겠지만, 물리학은 극도로 성숙하면서 다음의 것을 모색하고, 사회는 20세기에 놀라운 발전을 이룩한 근대 물리학은 고전물리학을 기초로 전개해 온 20세기의 문명에 부가해 가야 하는 운명에 있는 것이다. 어떻게 할 것인가라고 말해도 방출 에너지가 너무 크고, 방사능이 너무 인류와 생물의 경험에서 떨어져 있으니까, 그렇게 간단하지 않다고 생각하는 사람도 있을 것이다. 그러나 산업혁명은 이전에는 생각할 수 없을 정도의 대단한 것이었다. 19세기 말과 비교해서 20세기 말이 되어 정성적으로는 같지 않을까 생각할 수 있지만, 위기의 크기는 확실히 더욱 클지도 모른다.

4

20세기의 물리학과 현대사

원자, 원자핵의 물리를 주류로 한 20세기 물리학의 발전에 관해서 극히 대략적으로 제1장에 소개했지만, 또 한번 여기서 역사의 굴레 안에 넣어서 바라다 보면 〈그림 10-2〉와 같이 된다.

또 이 100년도 극히 대략 4기로 나누어져 있다. 우선, 정말로 세기가 바뀌는 1900년을 전후로 방사능의 발견, 해명, 양자의 발견 등 주요 발견이 계속되고, 10년쯤 지나 러더퍼드에 의한 원자핵의 발견을 계기로 보어가 원자핵 모형을 만들고 처음으로 정량적인 원자 물리가 시작되었다. 그래서 1925년경에 극미(極微) 세계의 결정적인 법칙, 양자역학이 확립될 때까지 놀라운 발견이 계속되었지만 양자역학의 확립을 계기로 그 후의 발견은 모두 상식적으로는 놀라운 것이지만, 전체적으로 양자역학이 빠르다는 것을 증명하는 것 예를 들어 중성자의 발견, 중간자의 발견 등이 그러한 것이다.

이 4반세기 말경에 중대한 발견이 두 가지가 있다. 하나는, 핵분열로 이것은 물리학보다는 이 학문을 상아탑에서 끄집어내어 에너지원과 대살육의 가능성이라는 2개의 점을 사회에 제공한 것이다. 정말로 기승전결(起承轉結)의 계기가 일어난 것이다.

또 하나의 발견은, 그리 알려지지는 않았지만 1946년 미국의 맥밀런(Edwin M. McMilan)과 소련의 벡슬레르(Vladimir Veksler)가 제안한 아

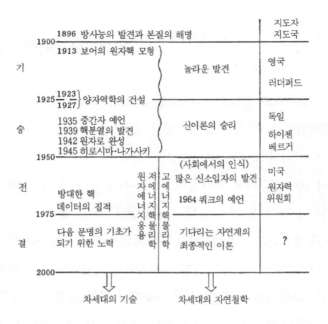

그림 10-2 │ 역사적으로 취하게 된 원자, 원자핵을 중심으로 한 20세기의 물리학

이디어로 싱크로트론 원리라고 해서 돈만 있으면 고에너지의 가속기가 원리적으로 가능하다는 발견이다. 핵분열을 계기로 사회에 의한 원자핵 물리학의 인식 때문에 전후의 사회에서는 특히 전승국에서는 큰 가속기가 만들어지고 우주선을 통해서 상세히 알아 온 소립자의 물리가 인공 가속입자로 행해지게 되었다.

이렇게 해서 소립자 물리를 목적으로 하는 고에너지 물리와 지금까지의 핵물리, 즉 저에너지 핵물리로 나누어진다. 낮은 쪽은 새로운 혁신을 행하기 어렵고, 막대한 양의 데이터로 차세대의 공업과 다른 분야의 응용 때문에 강력한 예비군이 되었다.

고에너지 쪽은 새로운 소립자의 계속되는 발견으로 한때, 수급 불가능이라고 생각했지만 1967년 겔만에 의해 나온 쿼크 이론이 성공하고 혁신적인 개념을 몇 개 더 도입하면서 자연의 최종적인 이론 확립을 위해 향해가고 있다.

5

핵물리학의 종언

소립자 물리의 결과(50년 늦게 시작했으니까 바뀔지도 모르지만)가 어떻게 될까 예상하는 것은 대단히 재미있는 일이지만, 이것은 이 책의 범위를 넘기 때문에 핵물리(저에너지)의 결과만 예상해 보자.

운명은 확실하다. 이것은 정말로 1세기 전에 전자기 현상을 알았을 때, 전기공학을 확립해서 신기술의 중요한 지침의 하나가 된 것과 같이, 전자기 현상도 예의 광전효과와 같이 지금까지는 알지 못했던 것이 신 물리의 대상이 되었다. 이번의 경우, 핵력의 근원 등이 소립자 물리에 포함되어 있지만 대개의 현상론은 제3기 '전(轉)'과 함께 완성하고 있기 때문에 '결(結)'은 차세대로 바톤을 전해주는 일, 확실히 말하면 응용물리학이 의식적으로 연구될 운명이라고 생각한다.

"전선에서 콜레라가 온다" 등을 말한 것은 누구냐?

　그러면, 차세대에 바톤이 넘어가고 있는 지에 대해 생각해 보자. 실은 이 책 전을 생각하면, 결코 그렇게 잘 되어간다고는 생각되지 않는다. 아직, 방사능이라고 하는 것은 현실에서 먼 것으로 겨우 괴물의 숨 정도인 것이다. 훨씬 전에 전기가 사회에 들어왔을 때 전선이 콜레라를 전한다고 하면서 싫어했다고 한다.

　전기에 방사능 정도는 아니지만(우뢰와 번개는 알려져 있다) 역시 직접 감각에 호소할 수 없는 것이다. 그러나, 이미 전기는 완전히 사회에 동화된 것 같다. 100V의 전원이라 하면 젖은 손으로 만지면 즉사하게 되지만 요사이에는 어떠한 가난한 집이라도 매일 전기가 쓰이고 있다. 일본의 주부 가운데는 아직 전기에 관한 지식이 전혀 없는 사람이 많이 있어서 때때로 이상한 일을 하는 것 같지만, 그래도 전기공사의 지식이 있는 (면허가 있는) 사람을 신용해서 전기 히스테리나 전기 알레르기 등을 일으키지는 않는 것 같다.

방사능에 대해서도 그것에 상당하는 상태가 된다면 좋을 것이다. 그러나 전에 논한 것같이, 현재의 계몽 상태는 극히 무정한 것이다. 결국엔 역사의 흐름에서 동화된다고 생각하지만, 이번의 상대는 전기보다 조금 더 알기 어렵기 때문에 주부뿐만 아니라, 책임 관청의 담당자까지도 우둔한 것 그리고 그것이 현대 사회의 대결점이자 근대 국가 의식과 관계되는 위험이 있는 것이다.

이렇게 생각해 보면, 핵물리학은 아직 안심하고 저승으로 갈 것은 아니다.

6
사회 개혁을 요구하는 방사능

그러면 근대 물리학이 다음 세기 기술의 기초가 되는 것은 어떤 것인가에 대해 생각해 보자.

물론, 근대 물리학이 즉 방사능은 아니다. 컴퓨터가 이렇게 빨리 된 것은 소자(素子)가 잘된 것으로 근대 물리학의 성과가 많이 쓰이고 있지만 본질적으로 컴퓨터는 전기기술이다. 또, 통신이 발달한 것과 교통이 발달한 것도 각각 전자는 전기, 후자는 역학의 응용이지만 세계의 대변동을 일으킨 컴퓨터는 상당히 대략적으로 말하면, 통신부에 드는 것이다.

이렇게 생각하면, 역시 비교가 안 될 정도로 새롭게 사회변혁을 요구하고 있는 것은 방사능과 같은 것으로 생각된다. 그리고 그것이 원자력 때문만이 아니라는 것은, 원자력이 역시 에너지의 일종으로 그 점에서는 석탄과 전기와 같은 것으로 그 중요함은 당초 역학 시대부터 나온 것이다. 또 전에 말한 것같이, 그것이 어느 정도의 피해를 내는 일이 있어도, 사회를 파괴할 정도의 대오염을 일으킨다는 것은 생각하기 어렵다. 또 원자력이 기계문명에 가한 것은 컴퓨터가 전기 문명에 가해진 것과 비슷하다고 생각할 수 있겠다.

근대 물리학이 방사능을 극단적으로 대량 흩어버리는 것은 더욱 염려해야 할 일이다.

그리고 기분 나쁜 것은 최근 사회의 변화가 빠르게 되어서 인간이 따라가는 것이 큰일이다. 도모나가(朝永) 씨가 『물리학은 무엇인가』(岩波新書)에서 지적하듯이 패러데이에서 지멘스까지 35년, 맥스웰에서 마르코니까지가 25년, 한에서 원폭까지 5년밖에 걸리지 않았다.

또 하나, 이 다음 세기말이 갈릴레오에서 시작하는 근대과학 400년이라는 것이다. 방사능에 의한 인류 대자살의 가능성이 어떠한 요구를 인류에게 할 것인가. 이것은 하나의 과학 분야에서는 알 수 없을 것이다. 여하튼 대단히 어려운 시대가 오고 있는 것은 분명하다.

변천의 이론

"○○물리학은 죽더라도 물리학은 죽지 않는다"라는 말은 물리 학의 어느 분야, 예를 들어 핵물리나 특히 분자물리학 같은 분야는 그 대상이 물리학의 범위에서 발견되면 대개 끝을 맞게 되는 것을 의미한다. 물론 양자역학과 상대론과 같은 범위를 변화시키는 혁명이었으면 그러한 분야에도 영향은 있지만…….

물리학이 죽지 않는다고 하는 것은 인간이 존재하는 한, 조금 자세히 말하면 인간이 자연현상을 보고 생각하는 습관을 잊어버리지 않는 한(이것은 자동적은 아니다. 과거의 역사를 보면, 잊어버린 시대와 그룹은 얼마든지 있다)존재하는 것이다.

물리학이라는 것은 대단히 좋은 이름으로 마치 그대로의 물(物)과 대상의 리(理) 즉, 보편성과 필연성의 학문이다.

물리학은 대략적으로, 힘의 균형을 취급하는 정력학과 전기와 자기의 퍼텐셜을 취급하는 정전자기학과 같은 정적분야와 양의 시간적 변화를 취급하는 동적인 분야로 나누어진다. 동적이다라는 말은 이미 확장, 유추되어 사회의 동적인 면과 같이 쓰였다.

순수한 물리학자 중에서 이러한 과대확장을 싫어하는 사람도 있지만, 나는 이러한 비약조차 근대 물리학의 정신이 아닌가 생각한다. 뉴턴역학에서는 정확하게 취급하지 않는 복잡한 다입자계의 물리적 성질

임계 현상은……

은 "너무 여러 가지를 조사할 수 없고, 오히려 공평의 원칙만 남아서 통계적으로 취급한다"라는 통계역학이 훌륭한 물리학으로서 성공하고 있고, 양자역학의 건설에는 어느 정도 고전역학의 신조를 버려야만 했다.

따라서 이 위험은 물리학에 대해 "지금까지의 고전적 대상, 운동, 힘, 열, 빛, 전자기만이 너의 책임이냐?"라고 물어보는 것처럼 보인다. 갈릴레오 갈릴레이의 물리적 태도는 최초의 변이 이론(낙체의 위치가 시간과 함께 변할까)인 한 변수, 한 함수 사이의 법칙을 인간의 의식 중에 집어넣은 것이지만, 이 생각은 더욱 확장할 수 있지 않을까.

임계 현상

사물을 물리학적으로 보는 상태변화에서 서서히 일어나는 것(예를 들면, 물에 열을 가하면 점점 온도가 오르는 것이나 낙체의 속도가 점점 빠르게 되는 것)과 급격히 변하는 것이 있다. 예를 들면, 0도의 물에 전압이 오르면 급히 방전이 일어난다거나 눈사태 등이 그렇다. 이 경우, 그것을 일으키기 위한 조건의 변화는 서서히 일어나도 상관없다. 예를 들면, 호수의 물이라면 점점 복사로서 열이 없어지거나 방전이라면 점점 전압이 올라가는 것이다.

이러한 급격한 변화는 사회현상에도 있다. 왕국이던 나라가 요사이는 공화국이 되기도 하고(혁명), 평상의 경제에 공황이 오는 것도 그것 때문인데 여기서 취급하고 싶은 것은 전쟁의 발발이다. 또 전체의 사고도 이 범위에 속한다. 현재 우리의 최대 문제는 핵전쟁이 일어난 후의 변화를 예지할 수 있을까, 또 예방할 수 있을까이다.

일반으로 이러한 급격한 변화(상전이)에 대한 물리적 사고방식은 상당히 발전해 왔다. 나도 직접 필요가 생겨서 위험한 시스템의 예지법, 상전이를 피하는 법을 공부한 적이 있지만 그때, 실제로 유익한 생각은 임계 유동이라는 현상이 있다.

상전이가 일어나는 조건에 가까이 가면 그 계가 불안정해지는데 이것을 측정하는 방법으로 하나는, 그 계와 관계되는 어느 잡음이 증가하는 것이다. 예를 들면, 증폭기가 발진을 시작하기 전 원자로가 임계가 되어서 연쇄반응이 일어나기 직전에 이러한 잡음이 나타난다.

이전, 나의 연구실에 있는 가속기의 출력 증폭기가 발진해서 곤란을 겪을 때 그 발진 직전의 잡음을 해석하면서 발진하지 않게 하는 조건을 발견하였다.

또, 오징어의 신경 전달에 있어서도 불안정하게 되기 전에 잡음의 증가가 많고, 크기와 불안정과의 사이에는 수학적 이론이 구성되어 있다.

공황의 경우는 그 상전이가 군사적인 것보다 늦기 때문인지 조정이 쉬운 것 같다. 원자 폭탄의 핵반응은 눈사태와 같이 조정이 되지 않아도 원자로가 조정되도록 되어 있다. 그리고, 어떠한 요소가 공황을 일으키는가 잘 알고 있기 때문에 지금의 자본주의 시스템의 범위에서는 잘 조정되고 있는 것 같다(예를 들면, 탄성율이 적은 농업 생산물의 가격).

9

여러 가지 상전이

상전이(相轉移)는 몇 번인가 반복해서 볼 수 있는 계에서는 잘 조사되어 있다. 그러나 공황의 경우에 사실은 한 번 일어난 후 이론은 오히려 나중에 만든 것이다. 그러나 이 이론에 따라 경제정책을 행하여 실효를 얻을 수 있었다.

혁명은 해 봐서 실험할 수는 없지만 세계에 많은 혁명이 일어나고 있기 때문에 역사적으로 상당히 계통적인 징후와 발발의 관계를 조사할 수 있을 것이다. 전쟁도 그렇다. 전쟁의 경우에는 동물 실험도 어느 정도 가능할 것이다.

'상전이가 언제 일어날 것인가'라고 하는 것은 계의 성질에 따라 좌우된다. 두 개의 방향에 있던 금속구 사이에 전압을 걸면 거의 정해진 전압에 달했을 때 방전이 일어나지만, 더욱 복잡한 정전 고압 가속기 등에서는 전압이 오르기 때문에 상당히 빨리 방전이 일어날 수도 있다.

역으로, 그 변덕 때문에 어떠한 것이 약점이 있을까를 추측할 수가 있다. 해안가에서 바다낚시를 할 때 파도에 의해 한번 물벼락을 맞게 되면, 다음에는 쓸려갈 경우를 생각해서 그만두는 것이 안전하다(만약을 위해서 구명구를 달 것).

그런데 아직 한 번도 일어나지 않았던 재해의 경우에는 어떻게 하면 좋을 것인가. 우리들에게 특히 중요한 것은 전에 논한 것 같이, 두 가지의 일이다. 하나는, 원자력의 사고(원자로, 재처리 시설 등)와 핵전쟁, 특히 전면 핵전쟁이다.

돌이킬 수 없는 역사

원자로의 경우에 이미 이러한 생각들은 사고방지 때문에 여러 가지로 생각되고 있다. 장래에 위험한 가능성이 있는 즉, 고장을 일으킬 가능성이 있는(반복할 필요가 있다―확률은 적(積)이니까) 부분은 이중, 삼중으로 보호하는 등 모든 가능성을 생각해 두는 것이다. 그래서 스리마일섬의 사고를 일어나지 않을 사고가 일어났다고 하는 것이다.

그러나 정직하게 말하면, 원자로의 사고 등이 일어나도 그것을 우리들이 파악할 수는 있다. 그러나 전면 핵전쟁이기 때문에 이것도 원자로와 같이 아직 일어나지 않았지만 일어나면 끝이라는 점에서 훨씬 다른 문제이다. 자신이 관여된 문제인 것이다. 지금까지의 사고들은 전부 다음의 사고를 막을 경험을 주어 사고를 막을 대책에 대한 기본 이론을 가르쳐 주었다. 그러나 전면 핵전쟁이 일어난다면 누가 그 경험을 귀중한 교훈으로 할 것인가. 아메바와 심해어가 그 귀중한 체험을 살려줄 것이라고는 생각할 수 없다.

자신이 관여한 문제를 취급한다고 하는 것은 이미 근대 물리학에 있어서 새로운 것은 아니고, 오히려 자신을 떠나서 절대적인 추상을 기본으로 하는 뉴턴의 고전물리학 정신의 비판은 이미 근대 물리학 중에 싹트고 있는 것이다. 속도의 한계, 자신의 일을 잊어버리고 관측할 수 있는 적은 한계가 있는 이상, 장래도 자기를 잊어버리고 생각할 수 없는 것이 당연한 것이다.

결국, 우리들이 이렇게 해서 강해져 갈 때 해야 할 것은 전체의 다른 현상, 특히 상전이의 점차적인 변화를 조사해서 그 법칙을 찾아내어 그것으로 아직 본 적이 없는 세계의 종말이 일어나지 않도록 하는 대책을 세우는 것이다.

내가 전에 한번 경험한 일이지만, 실험적으로 확증된 것이 아닌 이론으로 기계의 설계를 하는 것은 상당히 어려운 것이다. 그러나 이번만은 해볼 수가 없기 때문에 어떻게 하더라도 인류가 지금까지 경험한 전체의 일로부터 얻은 자연과학, 인문과학의 영지(英知)를 총합해서 우리들을 우리들 자신의 작품으로부터 지켜야만 한다.

히로시마, 나가사키 또, 최근의 로켓 배치 등은 임계 현상으로 볼 수가 있다.

"아는 것이 힘"이라는 것이 근대과학을 지탱하는 현대 사회의 근본 정신이라고 말해지고 있지만, 이 힘은 지금 너무 세어서 방치할 수 없게 되었다. 힘을 생각대로 휘둘러도 단지 호쾌한 서부 시대와 같이 끝나는 것이 아니기 때문이다.

조금 멀리 떨어져서 긴 안목으로 보면 역시, 이 개벽 이후의 대공위(大恐威) 방사능 때문에 사회가 변해가지 않을 수 없을 것으로 생각된다. 지금까지의 사회처럼 대량의 방사능을 뿌릴 수 있는 가능성을 남겨 두는 것은 너무도 위험한 것이다.

2쇄를 위한 추기(追記)

1986년 소련 우크라이나 원자로 사고, 이것은 지금까지 일어난 최대의 원자로 사고로(53페이지), 타입은 55페이지에서 논한 영국의 윈드스케일 흑연로와 같은 것이다. 장래 원자력 발전 정책 결정을 위해 반드시 그 경과 귀결이 바르게 발표되는 것을 원한다.

태평양 전쟁 말기에 있었던 "일본은 역사상 한 번도 진 적이 없으니까 질 리가 없다"와 같은 비슷한 논리가 원자력 정책의 책임자들 사이에 쓰이기 시작한 현재, 치사량을 맞고 죽어가는 사람들은 정말 안되었지만, 바른 교훈이 주어진 것이다. 원폭 교훈과 함께 이들의 죽음을 결코 헛되게 해서는 안 된다.

1986년 5월 3일

232

체르노빌 방사능—8쇄를 위한 추기

2쇄의 추기를 쓴 것은 체르노빌 사고가 있고 일주일 후 일본에 잠깐 머물렀는데 편서풍이 체르노빌의 방사능을 몰고 온 일이 있었다.

그 후 혼란이 더욱 확대되고 특히, 나는 5월에 '환경방사능'이라는 강의를 하게 되었기 때문에 강의실은 만원이 되고 '어떻게 하면 좋을까'라는 전화가 알고 있는 사람부터 모르는 사람까지 사무실, 자택을 불문하고 걸려와서 그 상담에 아주 혼이 났다.

그러한 사회 반응은 신문이나 정부의 반응과 함께 나로선 이제까지의 내 생각을 굳게 하는 데 도움이 되고 대단히 흥미로운 일이었다. 또 나 자신도 측정 등을 통해서 배울 점이 많이 있었다.

내가 사고 당시 살고 있던 독일의 뮌헨은 체르노빌에서 서쪽으로 약 2,000㎞되는 곳에 위치하는 도시이지만 상당한 농도의 방사능비가 내렸다. 고도 약 1,000m에서 된 방사능물질의 구름은 체르노빌과 평야에서 연결되어 있는 뮌헨 근처까지 다량으로 흘러와서 알프스에 부딪혀 부근에 방사능비를 내리게 한 것이다. 실제는 내 연구소의 연구원이 사고 4일 후(4월 30일)

에 그것을 알아차리고 다음 5월 1일은 휴일이었지만 나와 근처 연구실의 조수가 근처 방사선량을 측정하였다.

가장 심한 곳에서는 1평방미터당 0.7 마이크로퀴리(장소에 따라서는 이것의 10배의 값을 나타낸 곳이 있다고 한다)로 이곳의 잔디가 오염되어 있었지만 실내에서는 가이거 카운터가 움직이지 않았다. 그러나 비가 내리지 않고 건조한 곳에서는 다른 곳보다도 100배, 1,000배나 강한 방사능이 있었다. 이러한 상세한 측정망은 관제(官製)에서는 불가능하다는 것을 나는 이 책에 썼지만 이번에 마침 이것을 '체감'한 것이다. 그리고 이렇게 강한 방사능을 우리들이 확인함으로써 비상시에 관제 방위가 도움이 안 된다는 것을 확실히 '체험'한 것이다. "위에서 정한 것을 말하면 안 된다"라는 소문을 방사능 측정 능력을 가진 기관에서도 종종 들었다.

그리고 지금 5년이 지났다. '체르노빌'은 그 사이에 여러 가지 변하면서도 그 추태의 전용(全容)을 겨우 보여왔다.

우선 처음으로 각지 강하물의 상황, 그것에 대한 행정 수단, 예를 들면 "어린이를 모래에서 놀게 하지 말라", "소는 보존 사료로 키워라", "시금치에 주의하라"라는 주의는 물론 "헬기로 상공에서 모래를 씌운다", "대형피난", "갑상선 검사", "32인의 희생자"라는 뉴스이다. 거기에 계속해 "미국인 의사, 소련에 가다", "국제 원자력 기관(IAEA)의 시찰" 등 소련 측이 일단 개방적인 태도를 나타내고 있기 때문에 이 사고의 전모를 확실히 잡는 데는 시간이 걸리지 않을 것으로 생각했다. 특히 IAEA를 통해서 사고의 전용이 발표될 것이라는 희망이 연구자에게 있었다. 그러나 지금 생각해 보면, 이 시기는 생각했던 것과 빗나갔다고 생각된다.

사회 반응이라고 하면 사고 후 1~2개월 지나면 처음의 놀라움에서 사고의 해명으로 관심이 옮겨진다. 전학련(全學連)과 같은 곳에서 특별강연을 부탁받아 경호원을 데리고 와서 강연한 것도 바로 그때 사고 후 2주일 뒤의 일이었다. 이때는 전(全) 신문에서 통일되지 않았던 렘과 베크렐이라는 두 개의 단위 환산법에 관해서만 일주일간이나 싣고 있었다. 물론 질문의 대부분이 기술적, 과학적인 것이었다고 기억하고 있다.

그런데 어느 정도 지나 그러한 즉물적(卽物的)인 것에 대해서는, 매스컴의 교육으로 모두가 전문가가 되어버린 것인지 파티 등에서는, 물론 '자신의 의견을 듣고 토의해 주기 바란다'하는 식이 되어 버렸다. 한번은 한 부인으로부터 "나는 방사능이 최종적인 인류의 위험이 되리라고는 생각하지 않는다. 정말로 무서운 것은 블랙홀이라고 생각하는데 어떻습니까"라고 말하는 것에는 깜짝 놀랐다.

그런데 안전 신화가 일거에 무너졌기 때문에, 그리고 그것이 규모 면에서 사람들에게 예측할 수 없는 것이라는 후유증을 남기게 되었기 때문에 '원발 반대'라는 대진파(大津波)가 와도 방법이 없는 것이다. 나도 몇 번인가 연구실에서 '자신은 원발 찬성파였지만 금번 사고로 반대파로 변했다'라는 고백을 들었다. 그냥 듣고만 있었지만 나로써는 예상했던 것이 일어난 것뿐이라는 이야기였기에 '이렇게 간단하게 의견이 변하는 것은 지금까지 도대체 무엇을 기초로 찬성해 왔을까'라고 생각할 뿐이다. 나쁘게 말하면, 선전 때문이라 할 수 있을 것이다.

더욱 놀란 것은 이러한 교훈을 무시한 찬성파의 일이다. 이렇게 짧은 시간(정확히는 그때 나는 일본에 없어서 모르겠지만) 동안에 '이러한 사고는 소련에서는 일어나도 일본에서는 일어나지 않는다'라는 것이다. 어느 경제신문에 원자력 산업의 한 사람이 "일본의 원자로에서는 이러한 일이 일어나지 않는다"라고 딱 잘라 말했다. 그 단호함을 나는 잊을 수가 없다.

세계적으로 몇 개의 중소국에서 정치적으로 원발의 슬로 다운(slow down)이 결정되고 있지만 사고 후 5년이 지난 체르노빌은 원자력 발전에 큰 영향을 주는 것 같지는 않다. 오히려 역사적인 대사고가 영향을 준 것은 사회가 아닐까(제10장 제10절 참조). 체르노빌 사고가 사회주의 시스템에 대한 비판의 원동력이 되고 페레스트로이카의 필요성을 더욱 느끼게 한 것이라는 이야기도 들었지만 꼭 그렇다고는 할 수 없을 것이다.

이 사고에 있어서 어느 정도 사망자가 나왔는가는 앞에서 논한 방사능의 국지성 때문에 대단히 어렵지만 한번 소련에서 40만 명이라는 수가 발표된 적이 있다. 그러나 그것보다 많을 것이다라는 설도 있다. 물론 이것은 주로 암 사망의 증가율에서 산출한 숫자라고 생각하지만 이것도 암 사망의 총

숫자보다 훨씬 적기 때문에(극히 대략적인 계산으로 10퍼센트를 넘지 않는다) 누가 사고 때문에 죽었는지까지는 모른다.

마지막으로 이 사망자는 어떻게 하더라도 구할 수 없었다는 문제가 있다. 이것은 내가 이 책에서 역설해 온 계몽과 항상 작동 중인 측정기를 가진 시민 방위에 의해서 인민을 국지적인 방사선 피폭(특히 내부피폭)에서 구할 수 있는 것이다. 급성(또는 위급성)방사선 장애에서 죽은 사람은 후에 100인을 넘는 132인이다. 그 후 몇십만이라는 사람은 만발효과 희생자로 정확한 방사선의 지도라도 있다면 대부분이 구조되었을 것이다. 바꿔 말하면 수십만 명의 사람들은 알지도 못하고(그중에 살고 있었기 때문에) 방사능을 체내에 받아 그 때문에 죽은 것으로 방사선 측정이 될 수 없었던 희생자인 것이다.

일본에서는 이러한 방면에 힘을 들이지 않는 '준비하지 않으면 염려가 없다'라는 자세를 지금까지 유지해 왔기 때문에 지금까지 10년에 한 번의 비율로 일어나고 있는 대오염에 휩쓸린다면 죽지 않을 수도 있었던 사람이 죽는 대비극이 일어날 것이다.

체르노빌의 교훈을 결코 헛되게 하지 않아야 한다.

1991년 5월

역자 후기

　최근 국내외로 방사능에 대한 관심이 높아지고 있다. 그러나 일반인에게 방사능이란 생소한 느낌이나 거부감 등을 주는 것은 사실일 것이다. 이제 국내에도 방사능에 대해 쉽게 접근해 볼 필요성이 있지 않을까 하는 취지에서 알기 쉽게 해설된 "방사능을 생각한다"라는 책을 번역 소개하게 되었다.

　현재 국내외적으로 수력이나 화력발전을 위한 천연자원이 부족하고 에너지의 장기적인 수급 면에서 원자력의 의존은 필수적으로 여겨진다. 우리나라는 1978년 4월 원자력 발전소 고리 1호기를 최초로 가동한 지 14년이 지난 현재 9기의 원자력 발전소가 상업 가동되고 있으며 추가로 5기의 원자력 발전소가 건설되고 있다. 2000년대에는 본격적으로 원자력 시대를 맞이하여 원자력 강국으로 부상할 것이다.

　이처럼 원자력 에너지 증대에 따른 핵폐기물 처리 문제, 환경방사능 등의 방사능에 의한 오염에 대한 문제점이 점차적으로 대두되고 있다.

　더 나아가 주변국의 핵무기 개발, 원자로 사고의 위험성 등은 방사능에 대한 막연한 두려움을 항상 가지게 하고 있다. 구소련의 체르노빌 원자로 사고로 방사능이 편서풍을 타고 국내로 불어온 것도 사실이다. 국내에서도 이러한 사고들에 대비한 방사능 정밀측정 및 환경감시 체제 구축을 위한 더 많은 전문가 양성과 환경 방사능에 대한 체계적인 연구가 수행되어야 할 것이다.

이 책은 방사능에 대한 일반적인 지식부터 방사능의 원리, 방사능의 측정하는 방법과 차폐, 방사능에 관한 법률, 핵병기와 원자력, 방사능 사고의 피해를 최소화하는 방법 등을 알기 쉽게 설명하고 있다.

이 책으로 방사능에 대한 관심이 더욱 깊어지고 방사능에 대한 대처방법 등이 독자들에게 조금이나 도움이 된다면 역자로서 기쁨이 더할 것이 없다.

끝으로 이 책 번역에 많은 도움을 준 김경희 여사와 전반적으로 교정을 해준 한국표준과학연구원 방사선 연구실 오필제 연구원에게 감사드리며, 이 책이 번역 출판되기까지 힘써주신 전파과학사 손영일 사장님, 그리고 편집부 여러분에게 심심한 감사를 드린다.

1992. 12. 12.

이광필